破纪录

我的人生不设限

翟切尔◎著

中国财富出版社

图书在版编目（CIP）数据

破纪录：我的人生不设限／翟切尔著．—北京：中国财富出版社，2015.7

ISBN 978－7－5047－5813－2

Ⅰ.①破…　Ⅱ.①翟…　Ⅲ.①成功心理—通俗读物　Ⅳ.①B848.4－49

中国版本图书馆 CIP 数据核字（2015）第 168668 号

策划编辑　黄　华　　**责任编辑**　姜莉君

责任印制　方朋远　　**责任校对**　饶莉莉　　**责任发行**　邢有涛

出版发行　中国财富出版社

社　　址　北京市丰台区南四环西路 188 号 5 区 20 楼　　**邮政编码**　100070

电　　话　010－52227568（发行部）　　010－52227588 转 307（总编室）

　　　　　010－68589540（读者服务部）　　010－52227588 转 305（质检部）

网　　址　http：//www.cfpress.com.cn

经　　销　新华书店

印　　刷　北京京都六环印刷厂

书　　号　ISBN 978－7－5047－5813－2/B·0454

开　　本　710mm×1000mm　1/16　　**版　　次**　2015 年7月第 1 版

印　　张　11　　**印　　次**　2015 年7月第 1 次印刷

字　　数　169千字　　**定　　价**　32.00元

前 言

你是否总觉得生活过得困顿不堪，疲于奔命，却收获甚少？或总是怅然若失，感觉人生如梦，此身非我有，生活在别处？又或者觉得生活没意思，人生无意义，做什么都打不起精神，得过且过，蹉跎岁月，好像人生就是一场漫长的等待——等待死亡。

如果有上面任何一种感觉，那么，你就需要注意了，因为你的活法有问题。一个人的生活方式是很容易出问题的。或是受社会传统的制约，或是受别人眼光的影响，或是被固有习惯所左右，很多人都会在浑然不觉中自我设限，活在各种条条框框中，如同带着枷锁跳舞，辛苦却无所得，悲哀而不快乐，更体会不到人生的意义何在。

这时候，你所要做的，就是重新审视自己的生存状态，改变自己的活法，而最关键的就是，树立自信，打破限制，解放自我，从无所不在的枷锁中解脱出来，从狭小的局限中走出来。只有这样，你才能达到成功的人生境界。

请不要隐藏你的才干、创意和梦想，而是设法将其放大，使其能够被自我使用，成就更大的事，不要让过去影响你。今天你要重新点燃激情，重新唤醒心中强大的自我，因你的人生不受限。

《破纪录——我的人生不设限》就是一本告诉你如何打破自我局限、跨越困难、调整好心态，然后积极行动的励志书籍。通过阅读本书，你可以一步步走出人生迷局，重塑自己的思维模式，自己栽培自己，找到自己的位置，品尝到成功的滋味，从而实现人生的意义。只要能汲取本书的思想精华，灵活运用于生活中去，你必将能用全新的眼光看世界，用新的思想改变世界，让创意的光把你的人生照亮，进而实现属于你自己的成功人生。

本书不仅传递给我们乐观、向上的精神和坚持成功的信念，也给我们的心灵注入了强大的力量。归根结底，本书要告诉你的是：做最好的自己，活出不受限的生命奇迹。

作　者

2015 年 3 月

目录
CONTENTS

第一章

人生不设限：突破自我，创造新的纪录

我们期待人生精彩，活出成功、拥有辉煌的未来，可在前进的路上总会有些环境试图阻止我们，仇敌当然不希望我们成功。虽然这个世界企图拦阻你、毁掉你的梦想，请你记得，你的人生是被神命定的，是不受限制的。

人生下来就是为破纪录的

让尼克的故事开启我们本书的序幕。

他生下来就没有四肢，而是用独特的方式彰显自己生命的意义：他在很小的时候就饱受嘲笑，甚至想结束自己的生命，但是他选择了活着；他突破了身体的极限，创造了数不清的奇迹；在他的脸上永远都是阳光般的微笑，让人如沐春风；他的志向是做一名演说家，用自己的经历去激励每一个人；他自始至终怀着一颗感恩的心去回馈这个世界，用爱去温暖每个人的心灵；他的人生信条就是——永不放弃！他就是不断创造奇迹的尼克·胡哲。

1982 年 12 月 4 日，他生于澳大利亚墨尔本的一个普通家庭，他出生时就没有四肢，只有一只长着两根脚趾的小脚，他的妹妹经常戏称他为“小鸡腿”，然而，令人惊讶的是，他庆幸自己可以拥有“小鸡腿”。

尼克的父母并没有因为他的残疾而放弃他，而是不断激励他、帮助他。

在上学的过程中，尼克也受到了别人的嘲笑：“你这也不能做，那也不能做，像你这样的人，有谁会愿意和你交朋友呢?”很多时候，尼克自己也觉得自己永远都不会被人喜爱和接纳，他多么希望能够和别人一样在足球场上踢球、骑脚踏车、玩滑板等，但是这些都是无法实现的。他开始不停地问自己：“为什么而活着？活着就只是为了等待死亡吗？我的生命难道不该有一个目标吗……”对于这些问题，他都没有答案。在尼克 10 岁的那年，他曾 3 次试图把自己溺死在浴缸里，但是都没能成功。从这之后，尼克在父母的鼓励和悉心照顾下，他放弃轻生的想法，选择活着。

不难想象，尼克在成长的过程中遇到了无数困难，有很多事情并不像其他人做起来那么容易，但他总是想尽办法去完成其他人必须要用手足才可以完成的事情，诸如刷牙、洗头、写字、打电脑、游泳、做运动等生活上的小事。经过长期的训练，他用那只只有两根脚趾的小脚不仅找到了平衡感，也让他创造了一个个奇迹。

尼克通过永不放弃的精神和执着的信念，在 2003 年大学毕业获得会计与财务规划双学士学位；由于他的勇敢和坚忍，2005 年他被授予“澳大利亚年度杰出青年”称号。从他的成功经历我们不难看出，人生很多时候就像尼克说的那样，“人生最可悲的并非失去四肢，而是没有生存希望及目标！人们经常埋怨什么也做不来，但如果我们只记挂着想拥有或欠缺的东西，而不去珍惜所拥有的，那根本改变不了问题！真正改变命运的，并不是我们的机遇，而是我们的态度。”尼克不仅是这样做的，而且完成得非常出色。

立志成为一名演说家也是尼克的一个奋斗目标，他想用自己的经历去影响更多的人。

但是，他的这一想法遭到了父亲的反对，他也尝试着给学校打电话，努力推销自己的演讲，但是都被拒绝了。当他被拒绝了 52 次之后，他获得了一次演讲的机会，尽管演讲时间只有 5 分钟和 50 美元的酬劳。但是，这意味着他演讲生涯已经拉开了帷幕。

自从 17 岁开始第一次充满激情的演讲之后，如今，他已经在全球 35 个国家和地区发表过超过 1500 场的演讲，每年要接到超过 3 万个来自世界各地的邀请。在他的每一次演讲中，他都会告诉别人自己是怎么样克服困难完成一个又一个的人生目标，用积极、乐观的态度去迎接精彩的生活。尼克幽默和极具感染力的演讲总是那么容易令人感动，他那传奇的人生经历和永不放弃的精神给人以极大的鼓励。

天生无四肢的尼克·胡哲成为全球著名的励志演讲家，他的人生完美诠释了不设限的生命，他写的第一本书叫《人生不设限》。

在现实生活中，我们不妨学学尼克：不要放弃自己的生命，相信自己是为改变这个社会而生的，用自己的激情去打破生命的记录。

超越自我，开拓不设限的人生

很多时候，人最大的悲哀不在于他们不努力，而在于他们总爱给自己设定许多的条条框框，这样一来就会在无意之间限制了他们想象的空间。看似一天到晚在忙碌，实际上自己已经套上了可怕的“金箍”，试问，这样还谈什么成功呢？

科学家曾做过一个有趣的实验：

他们把跳蚤放在桌上，一拍桌子，跳蚤立即跳起，跳起高度均在其身高的100倍以上，堪称世界上跳得最高的动物。然后他们在跳蚤头上罩一个玻璃罩，再让它跳。第一次跳蚤就碰到了玻璃罩，连续多次碰壁后，跳蚤改变了起跳高度以适应环境，每次跳跃高度总保持在罩顶以下。接下来，科学家逐渐改变玻璃罩的高度，这使跳蚤都在碰壁后主动改变跳跃的高度。最后，玻璃罩接近桌面，这时跳蚤已无法再跳了。于是，科学家把玻璃罩打开，再拍桌子，跳蚤仍然不会跳，变成“爬蚤”了。

跳蚤变成“爬蚤”，并非是它已丧失了跳跃的能力，而是由于一次次的受挫使它学乖了，习惯了，麻木了。最可悲之处在于，实际上玻璃罩已经不存在了，它却连“再试一次”的念头都没有了。玻璃罩已经罩在了它的潜意识里，罩在了它的心灵上。行动的欲望和潜能被自己扼杀了！科学家把这种现象叫作“自我设限”。

自然科学家法布尔也曾利用毛毛虫做过实验。这些毛毛虫总是盲目地跟着前面的毛毛虫走，所以它们又叫游行毛毛虫。法布尔通过精心安排，使它们围着花瓶的边缘走成一个圆圈。花瓶的旁边则放了一些松针，这些松针是毛毛虫最喜欢的食物。毛毛虫开始绕着花瓶走，它们一圈又一圈地走，一连7天7夜，它们都一直围着花瓶转圈圈。直至最后因饥饿与筋疲力尽而死去。事实上，在不到6寸远的地方就有很丰富的食物，但是它们却饥饿而死，这样的结局未免太过悲哀。

现实中，有许多人也都像毛毛虫一样，选择放弃主宰自己的生命和命运，按别人的意愿过日子，永远没有自己的主见。我们稍加注意就可以发现，这种人最明显的特点就是盲从，他们没有自己的目标，就像一艘没有舵的船，永远都是漂泊不定，随波逐流，当然，这样的船永远也到不了彼岸。

许多人都会不可避免地犯毛毛虫所犯的错误，结果只从丰富的生活中获得了很小的一部分。他们跟着大家的想法行事，从来都不敢有所创新。他们遵循既定的方法与步骤，之所以选择盲从，只是因为“大家都那样做”和“大家都认为应该那样做”。这个毛毛虫小实验的结果告诉我们这样一个道理。常人的悲哀不在于他们不去努力，而在于他们总爱给自己设限。

如果，我们敢于打破自我设定的障碍，多一点创新与超越，少一点盲从，那么我们的世界就会截然不同。

冲破苦难，破茧成蝶

苦难并不可怕，受挫折也无须忧伤。只要心中的信念没有萎缩，人生旅途就不会中断。不要抱怨生活给了你太多的磨难，不要抱怨生活中有太多的曲折，更不要抱怨生活中存在的不公。人生不圆满十有八九，坦然处之，再苦也要笑一笑！

在人生的海洋里，我们每个人都是一艘小船，在通向彼岸的过程中，苦难、灾难、不幸谁都不可避免，然而真正的强者，不是没有受过伤，而是能够坚强地缝合伤口，继续勇往直前。

一个小男孩出生时的样子，让所有见到他的人都伤心至极——他的身体只有可乐罐那么大，腿是畸形的，而且没有肛门，躺在观察室里奄奄一息。医生断言，这孩子几乎不可能活过24小时，但是他挣扎着活了一周又一周……父亲将他带回家，取名约翰·库缇斯。

小约翰实在太小了，在他眼里，周围的一切都是庞然大物，他对一切都充满了恐惧，连家里的狗都欺负他。

到了上学的年龄，当他背着比他个头还大的书包、坐在轮椅上走近校门时，那些调皮的孩子把他当成了随意戏弄的玩具，他们故意掀翻他的轮椅，看他挣扎；他们弄坏他轮椅上的刹车，看他失控的样子；他们甚至用绳子绑住他的手，用胶纸封住他的嘴，把他扔进垃圾箱里，还在垃圾箱旁边点燃了火……有一次幻灯课上，约翰出来上厕所，可是，他在黑暗中每移动一步，都感到钻心的疼痛。当他来到光亮处，才发现自己脚上扎满了图钉，鲜血直流。

约翰终于无法忍受了，回到家，望着镜中的自己，想着自己一次次被折磨、被侮辱的遭遇，他放声大哭。他想到了死亡，想到了自杀，只是舍不得疼爱他的双亲……

高中毕业后，约翰渴望找一份工作自食其力，每天早晨，他爬在滑板上敲开一家又一家的店门，问店主是否愿意雇用他。人家打开门，根本就没有发现几乎趴在地上的约翰，就又把门关上了。

不知道失败了多少次，约翰终于在一家杂货铺找到自己的第一份工作。后来他又做过销售员、技术工人，还在一个仪表公司拧过螺丝钉。

那时，他每天凌晨四点半起床，赶火车到镇上，然后爬上他的滑板，从车站赶到几千米外的工厂。

约翰虽然身体残疾，但是爱好体育运动，他从12岁就开始打轮椅橄榄球。由于他没有双腿，做事全靠双手的力量，使得他的手臂力量大得惊人。

1994 年，约翰·库缇斯成了澳大利亚残疾人网球赛的冠军；2000 年，他拿到澳大利亚体育机构的奖学金，并在全国健康举重比赛中排名第二。

我们远远比约翰·库缇斯要幸运得多，我们有健全的身体，能跑能跳，没有人敢随意欺凌我们，但是，我们敢说自己的人生比约翰·库缇斯的人生更精彩更如意吗？我们总是认为自己遭遇了那么多的不公，认为自己的人生是多么不幸，甚至想到过结束自己的生命，这难道不是对生命的亵渎吗？

事实上，没有一片海域没有波澜，没有一片蓝天不会下雨，没有一个人一生不会遇到不幸。其实人生的不幸就像海上的波澜、天空中的阴霾一样自然。真正的人生并不是一帆风顺的，遇到一点挫折就感觉天塌地陷，世界末日，却不知道，芸芸众生，谁的身上不曾带着点伤呢？我们常常看到别人风光的一面，却忽略了其不为人知的一面——世间每个人都有不幸。没有人能随随便便成功，更没有谁的人生永远顺风顺水。我们的人生就像一条坎坷的路，荆棘丛生，但只要我们坦然去面对，就一定能战胜苦难，取得最后的胜利。

苦难是茧，苦难是蛹，冲破苦难的茧，我们才能振翅高飞。

正确认识自己，找准人生坐标

我们很多人都不能正确地评价自己，做好自己的人生定位，殊不知，这是影响我们成功的很大障碍。正确的做法应该是正确认识自己，找准人生的坐标，将错误的思维模式改正过来。

俗话说“人贵有自知之明”，这句话就告诉我们，既不可以高估自己，也不能低估自己。认识到这一点容易，但要做到这一点，却不是那么简单。

我们每个人都有改变现状的想法，都有想成功的欲望：想拥有更大的权力，想步步高升，想生活水平再上层楼……我们必须认识到，只有正确估价自己的人才有能力接受自己目前所处的现状和环境，这对于想成功的人来说是无法忽视的。

不能忽视的是，世上并没有十全十美的人，有些缺点和性格是与生俱来的。只要看看那些伟大的成功者，我们就不难发现这样一个事实——他们都接受了自然的自我。

纪伯伦曾讲了一个狐狸觅食的故事。一天，狐狸欣赏着自己在晨曦中的身影说："今天我要用一只骆驼做午餐呢！"整个上午，它为了寻找骆驼奔波不已。但当正午的太阳照在它的头顶时，它再次看了一眼自己的身影，于是说："也许，不需要骆驼一只老鼠也就够了。"狐狸之所以犯了两次相同的错误，与它选择"晨曦"和"正午的阳光"作为镜子有关。晨曦不负责任地拉长了它的身影，使它错误地认为自己就是力大无比的万兽之王；而正午的阳光又让它对着自己缩小了的身影忍不住自叹自怜妄自菲薄。

综观现实，大师笔下的这只狐狸与现实生活中的一些人有很多相同之处。很多时候，他们不能客观公正地评价自己，过分强调某种能力或者凭空承认无能，其实这些想法都是不可取的。在这种情况下，千万别忘了上帝为我们准备了另外一块镜子，这块镜子就是"反躬自省"，千万不要小看这几个字，正是这简短的四个字可以使我们认识真实的自己。

尼采曾说："聪明的人只要能认识自己，便什么也不会失去。"我们每个人只有正确认识自己，才能充满自信，才能使人生的航船不迷失方向。只有正确认识自己，才能正确确定人生的奋斗目标。只有有了正确的人生目标并充满自信地为之奋斗终生，才能此生无憾，拥抱成功。

要改变命运，先改变自己

有句话这样说：“任何限制，都是从自己的内心开始的。”我们想改变世界无疑是艰难的，但是改变自己却是很简单的。与其改变全世界，不如先改变自己。当你改变了自己，相信世界也就随之改变了。因此我们说，如果你希望看到世界改变，那么你就必须先改变自己。

很久以前，人类都是光脚走路的。一位国王去偏远的乡间旅游，路上有很多碎石头，把他的脚刺得疼痛难忍，这让他无法忍受，他回到皇宫后，就下令将国内的所有道路都铺上一层牛皮。他觉得这样做，不只自己不再受苦，全国老百姓也都可以跟着享受了。

他的出发点是好的，愿望也是美好的，可问题是哪里来那么多牛皮？就算把全国所有的牛都杀了，也没有足够的皮革呀，这还不算用牛皮铺路所花费的金钱、动用的人力。但国王的命令是不容违抗的。

就在大家忧心忡忡之时，一个聪明的大臣大胆向皇帝谏言说：“国王啊！为什么您要劳师动众，牺牲那么多头牛，花费那么多金钱呢？您何不只用两小片牛皮包住您的脚，这样不就解决了你的问题吗？”

国王一听，当下领悟，于是改用这位大臣的建议。据说，“皮鞋”也就是由此而来的。

面对现实世界，作为力量渺小的个人，我们是无能为力的，但是我们可以改变自己。

在19世纪的欧洲，有一个四处传教的神父，他在临终前对他的信徒说：

“在我年轻之时，我的愿望是改造这个世界，我后来到过各个地方，劝导人们如何生活和应该做什么，但是这一切都是徒劳的，压根不会有人听我说话。于是，我决定先改变我的家人，但是万万没有想到的是，似乎家里人对我的话也嗤之以鼻，他们也没有发生任何我所期望的变化。到了生命即将终结的时候，我才认识到，改变别人不如改变自己，这样会容易得多。”

当我们没有能力去改变环境的时候，尤其是环境对我们不利的时候，改变自己不失为一种好的方法。这是一种智慧，更是一种策略。尤为重要的是，改变自己不妨先改变自己的内心。有什么样的看法，就会有什么样的命运。

在我们漫长而又短暂的一生中，改变自己命运的机会往往会有很多，是往好的方面改变，还是往坏的方面改变，完全取决于一个人对当时情形的认识。

命运有时可能会不公，但是认命的人对改变命运是无能为力的。我们无法去指使别人做些什么，但我们可以让自己优秀，让自己强大。

没有不可能，烂牌也能打出好结果

不要对还没有打的牌局说“不可能”，一切皆有可能，只有想不到，没有做不到。“不可能”只是失败者心中的禁锢，具有积极态度的人，从不将“不可能”当回事。

科尔刚到报社当广告业务员时，经理对他说：“你要在一个月内完成 20 个版面的销售。”

20 个版面，一个月内？科尔认为不可能完成，因为他了解到报社最好的业务员一个月最多才销售 15 个版面。

然而，在他看来，任何事情都是“有可能”的。于是，他把之前别人招徕不成功的客户的名单列了出来。在拜访这些客户之前，科尔把自己关在屋里，把名单上的客户的名字念了好多遍，然后对自己说：“在这个月之前，你们会向我购买广告版面。”

在最初的一个星期里，他没有任何成果；到第二个星期的时候，他和其中的5个客户达成了交易；而又过了一个星期，他又成交了10笔交易；在月底，他成功地完成了20个版面的销售。他成为公司的业务表率。当经理让他向大家分享经验的时候，他没有多说什么，只是告诉大家不要害怕被拒绝，只有这样，才能将理想变为现实。

报社同事给予他最热烈的掌声。

其实，在我们的生活中也会发生这样的事情。当你鼓足勇气想要做好一件事情的时候，别人就会告诉你："那是不可能的！"此时，你应该这样想，对他来说，这件事情是"不可能"的，但对你来说或许就是"可能"的。因为只有你通过自己的不懈努力之后才能发现最终的结果。在有结果之前，千万不要泄气，而是坚信自己一定比别人做得好，这样就能做出惊人的成绩，取得意想不到的效果。

在积极者的眼中，永远没有"不可能"，取而代之的是"不，可能"。积极者用他们的意志、他们的行动，证明了"不，可能"的"可能性"。

纵观历史上成就伟业的人，往往并非是那些幸运之神的宠儿，而是那些将"不可能"和"我做不到"这样的字眼从他们的字典以及脑海中连根拔去的人。

人生如打牌，有些人总是还没有开始打，就因为别人说或自己认为"不可能"赢就放弃了，他连在牌局上展示的机会都没有。要知道，只要你敢于挑战，坚定信心，你就能超越极限，将不可能变为可能。

破纪录修炼

开放内心的三项练习

练习1：

（1）对自己所未知的部分保持好奇，不急于否认其存在，通过自由联想、自由写作、冥想、孵梦等方式接触你未知的部分，拓展自我认知的领域。

（2）如果选择孵梦的方式，在入睡前回顾一个问题，试着对你的梦发出邀请。例如，“请帮我了解为什么害怕飞行，我该怎么办?”或“我应该怎么做才能改善关系?”专注于睡前的请求，直到入睡。

（3）记录你的梦境，即使是你的白日梦，任何浮现到意识层面的线索。不论是在半夜、早晨醒来或任何时刻，立刻记下呈现出来的内容，再试图了解梦所传达的信息。

（4）接纳线索中被我们平时所定义为“负面”的内容，找到它能带给我们的正面动机、价值和意义，问自己：我可以为此做些什么？不限制自己的想象力，任由它展开。

（5）将新的觉察带入到生命实践中。一旦发现自己浮现出此前未知部分的情绪、情感时，轻轻拥抱它们，同时拓展出新的可能性与解决方案。

练习2：

（1）记录下你的梦境，找到你觉得对你最有价值、最好奇的梦。

（2）完整地将你的梦境描述出来，然后用一些你能找到的小物件把它摆放出来。

（3）用心感受在梦境的整个图像中，什么最吸引你。

（4）进入最吸引你的角色，扮演他，感受这个角色，不断向自己提出问题。

（5）将自己开放给所有的答案。

（6）记录梦所带给你的启迪。

练习3：

（1）准备一张A4大小的白纸，一盒彩色蜡笔。

（2）找一个安静的地方，在可能的范围内将光线调暗，深呼吸，让自己逐渐安静下来。

（3）在白纸上画下自己的目标，可以是任何物体或人物。

（4）画下自己的现状，可以是任何物体或人物。

（5）画出从现状到目标的实现途径，在实现的过程中需要增加和减少的资源。

（6）给自己设定一个时限，如一年、三年或者五年。

（7）设定一个检视时间段，如一个月、一个季度或半年。

（8）按时检视，看看自己是否可以在一种内外和谐的状态下追求自己的目标，目标是否兼顾了外在成功和内在成长。

第二章

思维破纪录：打破思维限制，让你茅塞顿开

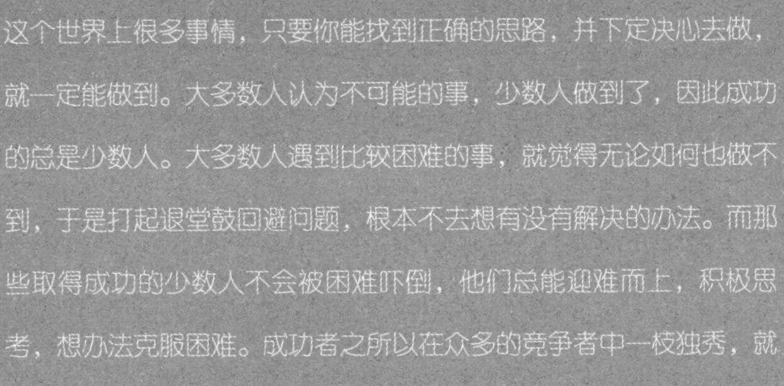

这个世界上很多事情，只要你能找到正确的思路，并下定决心去做，就一定能做到。大多数人认为不可能的事，少数人做到了，因此成功的总是少数人。大多数人遇到比较困难的事，就觉得无论如何也做不到，于是打起退堂鼓回避问题，根本不去想有没有解决的办法。而那些取得成功的少数人不会被困难吓倒，他们总能迎难而上，积极思考，想办法克服困难。成功者之所以在众多的竞争者中一枝独秀，就是因为他们拥有出奇制胜的思路。人与人之间的差别，从根本上说就是自身思路的差异。

改变人生从转变思维开始

适时地转换自己的思维方法，就会使自己的思路更加清晰，视野更加开阔，做事的方法也会灵活，自然就会取得更优秀的成就。从某种程度上讲，改变了思维，人生的轨迹也会随之改变。

懒惰平庸的人往往不善于变换脑筋，这种习惯制约了他们摆脱困境的反应能力。相反，能够勤于思考，善于发现问题、解决问题，才能不让问题成为人生难题。换一个角度，常常就能发现机遇和解决问题。

艾伦·莱恩是英国人，他在年轻时出任希德出版社的董事。但在当时，出版社的处境已是每况愈下，莱恩绞尽脑汁，试图独辟蹊径，使出版社“柳暗花明”。终于有一天，当莱恩在一个候车室旁的书摊上漫无目的地扫视时，他意外地发现，书摊上都是高价新版书、庸俗读物，几乎没什么可看之书，而且这些书大部分都是价格昂贵的精装书。这个发现使莱恩灵机一动：“出版价格低廉的平装书是赚大钱的好办法。”因为精装价格很贵，一般老百姓只能望而却步。

莱恩出版廉价丛书的计划引起了英国出版界的强烈轰动。有人说这是自取灭亡，有人说这会严重影响整个图书界。莱恩认为这个办法是他的企业走出困境的唯一出路，所以他毫不动摇。

第一套平装系列丛书共10本，规格也比精装本缩小了。这不但节省了封面制作的成本，而且也节省了纸张。再加上莱恩决定以购买再版图书重印权的方式出版这10本书，因而大大降低了成本费。莱恩把每本书的价钱降到6便士，这样，人们只要少吸6支香烟就可买到一本书。

这套书的封面非常引人注目，这是因为莱恩在上面设计了一个逗人喜爱的丛书标志物——一只翘首站立的小企鹅。因此，莱恩把这套丛书起名为《企鹅丛书》。莱恩还用颜色表示图书的类别：紫色为剧本，浅蓝色为传记，橘红色为小说，灰色为时事政治读书，绿色为侦探类作品，黄色为其他类别读物。这一系列的改革使这套书不仅在外观上鲜艳明快，让人耳目一新，而且在装订上显得简单朴实，印刷上更是字迹工整。

终于第一批《企鹅丛书》正式发行，在不到半年时间里，这套书就销售了10万册。

莱恩的独辟蹊径使祖上流传下来的图书家业“柳暗花明”。

每个有意义的构想和计划都源自于思考，而且思考得越深入，收益就会越大。一个不善于思考难题的人，会遇到许多取舍不定的问题；相反，正确的思考变化能产生巨大作用，可以决定一个人应该采取什么样的行动。

田中光夫一个字都不认识，但在一所学校当校工。尽管周薪只有50日元，但他十分满足，很认真地干了几十年。但是，令人意外的是，就在他快要退休时，新上任的校长以他“连字都不认识，却在校园里工作，太不可思议了”为理由，将他辞退了。

田中光夫依依不舍地离开了校园，像平常一样，他去为自己的晚餐买半磅香肠。但快到山田太太的食品店门前时，他猛地一拍额头——他忘了，山田太太已经去世了，她的食品店也关门多日了。然而，附近街区没第二家卖香肠的。忽然，一个念头在他幽闭的心田一闪——为什么我不自己开一家专卖香肠的小店呢？他很快拿出自己仅有的一点积蓄接手了山田太太的食品店，专门经营起香肠来。

因为田中光夫灵活多变的经营，经过5年的奋斗，他成了名声赫赫的熟食加工公司的总裁，他的香肠连锁店遍及了东京的大街小巷，并且是产、供、销“一条龙”服务，颇有名气的“田中光夫香肠制作技术学校”也应运而生。

当年辞退他的校长得知这位著名的董事长只会写不多的字，便十分敬佩地打电话称赞他："田中光夫先生，您没有受过正规的学校教育，却拥有如此成功的事业，实在是太了不起了。"

田中光夫却真诚地回答："那得感谢您当初辞退了我，让我摔了个跟头后，才认识到自己还能干更多的事情，否则，我现在肯定还只是一位周薪50日元的校工。"

任何事情都没有千载不变的模式，当我们的人生之路、事业之路走的不是太顺利的时候，我们不能在一棵树上吊死，换一条路，重新开始，或许，另一条路就是真正的光明大道。

能够取得成功的人，不一定比你付出更多的汗水，但一定比你付出了更多的思考。成功人士与普通人最大的区别在于思考模式的不同，习惯的思维模式不改变，你的未来也不会改变。

思路决定着出路，思考是人生最大的财富。学会思考，就能找到人生新的起点；学会思考，学会创新，成功就会向你走来。

拓展思维，超越自我

一个人在工作和生活中，不论做什么行业，最重要的是应该时刻地不断提高自己对事物的把握程度，简单概括就是提高自己的智慧。

我们先来看看一些令人惋惜的失败——

原单位一业务员，因业绩突出，被提升为经理，可自从做了经理以后，不仅自己没有带好这个团队，连业绩也刷刷下滑，领导为之惋惜地取消了他经理职位……

一平面设计人员，论打字，她在单位第一，就听敲击键盘的声音，就能想象出打字有多快，一些操作软件已经炉火纯青，可她设计的作品却永远处于第三世界水平，如今一直还在原工作岗位，待遇也没太大增长……

我们很多人，在参加工作后，在现实的生活中，总以为自己的专业是成功的重点，是带来巨大回报的源泉。其实，现实中并非大家想的这么简单，专业知识的差异化越来越小——就说电脑排版，软件就那么几种，几个月甚至一年的操作，基本就能会；普通小饭店就那么几样菜，有点钱聘个一般的厨师就能做出来；中国的字词和俗语就五六万条，大学毕业基本都认识，可为什么有的人就能组合成优美的文章，而有的人却提笔难下……

简单归结，很多人在实际的应用中没有用自己的思维去做事情，任何工具的应用、做出的作品，其实，都是我们思维的一种外化。要不，我们总是说要用脑子做事。

假如问你，步行街里面什么商品是最贵的？有的人会说是珠宝，有的人会说是手机、相机、电脑等，这些应该也算，但却没有说到点子上，因为最佳答案是商铺，但是却很少有人说出来。从这个事例中，我们可以看到你的思维如果停留在“商品”这两个字眼上，那么你只会看到大家都能看到的一面，那么始终跳不出现有的思维。

在这里说一个事例：

以前有位老太太，挑了一担子又大又红的苹果，去一个大学的附近卖，5 块钱一斤，虽说那天是情人节，但是卖到下午一担子的苹果却只卖了 1/3，那么好的苹果 5 块钱一斤的话算是卖得很少了，后来有一个人走了过去，问她：“你知道苹果为什么卖得那么少吗？”“我不管，我只想把我的苹果卖完，然后回家。”于是那个人什么也没有说就到附近一个超市去买了一卷彩带回来，是那种包装礼品的彩带，然后他就用那些彩带把那些苹果每两个绑在一起，上面还打了一个蝴蝶结，美其名曰：情人果。叫卖着 10 块钱一对情人果，顿时抢售一空，5 块钱一斤的苹果都没有多少人买，而 10 块钱一对的情人果却抢售一空，由此可见，要想在社会上有一席之地，那就需要有与众不同的思维。

曾经听马云说过这12个字：看得到，看不起，看不懂，来不及。有时有些东西我们能看得到了，但是却看不起，当看得起的时候却看不懂，当你看得懂时那就已经来不及了。所以说你的思维决定了你的一切，由此可见，成功的往往是那些敢于挑战常规，勇于打破游戏规则的人。

你可以和别人想得不一样

俗话说："只有想的不一样，才能做得不一样。"但凡古今中外那些名垂青史的人、那些在各个领域取得极大成功的人，他们的思维都不同于别人。也正是因为如此，他们才能从芸芸众生中脱颖而出，在人类历史的长河中，滑出一道属于自己的美丽之光。

陈胜是一个农民，当别的乡亲都安于通过辛苦种地得到微薄的收成，让一家人勉强糊口度日时，他却胸有大志，时时心忧百姓和苍生。当别人嘲笑他不安本分，癞蛤蟆想吃天鹅肉时，他却冒出惊天动地的一句话：

"王侯将相，宁有种乎？"正是这份不同于众人的想法和胸襟，才使得他在大泽乡连遇几天暴雨后，眼看依照秦朝的法律，他以及和他一起被送去做工的农民都要被处死的关键时刻，挽狂澜于既倒，带头掀起了轰轰烈烈的大泽乡起义，让暴秦的统治就此终结。

项羽是一介武夫，当自己的叔叔和家乡父老看到秦始皇的车架浩浩荡荡地从眼前经过时，当众人对皇帝的威严顶礼膜拜时，项羽却非常大气地说：

"我可取而代之。"这句话，吓得他叔叔赶紧捂住了他的嘴；这句话，也让他在风起云涌的农民起义中独树一帜，成就了楚霸王的伟业。

在那个等级制度极为森严的"君为臣纲、父为子纲、夫为妻纲"的封建时期，陈胜和项羽都能打破文化和舆论给自己带来的束缚，因为他们想的和普通人不一样，所以才能有后来农民起义中的卓越表现，他们通过自己极具创造力的想法改变了历史，也改变了自己前进的方向，让原本一介平民的自己登上历史舞台大施了一番拳脚，做到了“雁过留声，人过留名”。

众所周知，广告就是要广而告之的。平面广告要有文字，广播广告要有声音，电视广告要有画面，这是广告的一个普遍原则。但是，在广告界有这样一个奇特的案例。

纽约的一家银行在新开业想要迅速打开知名度时，采用了一种让人意想不到的做广告的方法。

一般来说，银行开业的广告目的是要宣传一下，为此，银行会搞个大促销，或者请个名人推广。但这家银行并没有采用其他银行开张时宣传使用的惯用方法，而是买断了当地各家电台的黄金时段 10 秒钟，在这 10 秒钟内，开始的整个宣传内容是提醒所有听众朋友注意收听由本市国际银行向大家提供的沉默时间。

然后，整个纽约所有电台都沉默，这沉默的 10 秒钟激起了听众们极大的兴趣，大家议论纷纷。各大媒体也对此竞相报道，这个广告一时间成了当地的热门话题。这家银行的开业广告获取了出其不意的效果，营业额大增。

这家银行正是因为在做广告时想的和大众不一样，所以这种奇特的做法才会让大众更加感兴趣，彻底打破了人们对于广告的惯性思维，告诉世人：即使广播广告也并不一定要在那里大费口舌。这个沉默时间以自己的不说话唤起所有人说话，反而让广告收到了更加引人注目的效果。总之，在这个崇尚创新、变化速度不断加快的新时代，我们不仅要追赶变化的步伐，更要善于使用创新和差异化的方法，如此才能让自己变得更快、更好、更有特色。

别被经验约束了头脑

在这个信息化的社会，虽然信息在日日更新、时时更新，但是我们的思维却往往跟不上知识更新的速度。习以为常、耳熟能详、理所当然的事物依然时时充斥着我们的生活，使我们不能时时感受到新事物的热情和新鲜感。经验成了我们判断事物的标准，存在即是合理的。随着知识的积累、经验的丰富，我们变得越来越循规蹈矩，越来越老成持重，于是创造力丧失了，想象力萎缩了，固有的思维模式成为了人类超越自我的一大障碍。

美国著名学者卡勒维克做过这样一个实验：把一只蜜蜂和一只苍蝇放进一个玻璃瓶中，然后将玻璃瓶平放，瓶底朝向光线充足的方向，再打开瓶盖，看看谁会逃出玻璃瓶？

实验结果是，蜜蜂不停地想在瓶底上找到出口，在它们的逻辑里，“密室”的出口必然是在光线最明亮的地方，因此他们只管拼命撞向瓶底。直到撞死在瓶底上；与此相反的是，智力较低的苍蝇对逻辑毫不在意，只管四下乱飞，在不很短的时间之内，它就获得自由和新生。

当今社会瞬息万变，机遇转瞬即逝，我们需要的是随机性的智慧，而不是教条的模式。蜜蜂之死，是因为被它们的智慧和逻辑所误，正是由于蜜蜂对光亮的喜爱，由于它们的智力，蜜蜂才灭亡了。很多时候，规则是得遵循，但不能因此而窒息了创造力。

从古至今，无数事实证明了经验的作用是带有两面性的。在很多情况下，经验的确能启示人们做出正确的决定，然而，有时候，经验也成了人们前进道路上的绊脚石。经验是人们在实践活动中通过感性认识概括和总结的，并没有对事物的本质规律进行探寻，所以没有科学性。

还有一个事例证明了经验是不可靠的。

老王是一家小建筑公司里的工程师，有着非常丰富的工作经验。有一次，在给新楼安装电线的时候，他遇到了难题：在一处直径仅有3厘米且要拐4道弯的管道里将电线穿过去。这是他平时根本就没有碰到过的问题。很明显，按照常规的方法是无法完成任务的，但又想不出解决的办法，于是就向新来的工程师求救。这名新工程师虽然经验不如老王多，但却想到了一个好办法：用两只老鼠一公一母，分别将这两只白鼠放在管子的两头，公鼠的身上拴上一根线。母鼠在管子的另一端发出“吱吱”的声音，公鼠听到后，便沿着管子向母鼠跑去，身上的线也随之到了管子的另一端。

通过这种方法，这个看似根本无法解决的问题却得到了解决。老王虽然经验丰富，但面对很多新问题的时候，往往受到经验的限制，无法想出新的解决办法。

在现代社会中，专业分工越来越细，各方面都在向专业化方向发展，所以，那些具有全面综合知识的人是非常少的。所以，有创造力的人也就越来越少。专业的深度在一定程度上限制了专业的广度，所以在现实生活中，人们应该尽力多学一些知识。只有这样，才能少受限制。

作为一个现代人，你在某些时候必须超越经验去考虑问题，尽最大努力摒弃保守的思想。只有这样，你才能突破制约你成功的瓶颈，才能获得一个创新的思维去解决问题。

因循守旧者的典型特征是抱着自己的老观念不放，不去主动接受新事物，进行脑力革命。这本身就是思维上的惰性所致。想成功的人必须学会时刻“洗脑”，摒弃因循守旧，创新求变，才会成功。我们有很多人常抱怨自己脑子太笨，这是因为不开动脑筋，在过去的思维模式中打转转。

打破思维枷锁，你将看到更美的风景

思维定式是阻碍人们奇思妙想的一大障碍，任何事情一旦落入俗套就不能有所创新，而人又是喜新厌旧的动物，无论是对有新意的思维还是新鲜事物，总是用好奇的眼光来看待。中规中矩是没有创新能力的另一种表达方法，是比较褒义的一种表达，其实它还包含着落伍、跟不上时代节奏的意思。一个人要想能够成功做事，就必须要有与众不同的想法，敢于颠覆和重建思维秩序，敢于从一个全新的角度去看待一个在别人眼中毫无特点的事物。只有这样，你才能把事情做好，进而从芸芸众生中脱颖而出；只有这样，你才能用你的与众不同获得难得的机会。

相传，哥伦布发现新大陆后从海上回来，成为了西班牙的英雄，被国王和王后视做上宾。有些贵族很嫉妒，不屑道："只要坐船出海，谁都会到达那块陆地的。"

某次，哥伦布参加宴会，又听见有人发出如此的讥笑，便道："先生们，女士们，我从盘子里拿出一个鸡蛋，谁能把它竖起来？"结果，大家逐个把鸡蛋扶直立在桌上，但一松手，鸡蛋便倒下。看着大家皆未成功，哥伦布走到桌前，不慌不忙地拿起鸡蛋，往桌上轻轻一敲，敲破一点儿壳后鸡蛋便稳稳地立在了桌上。

"这有什么稀罕？我也能做到！"有些人说道。

"是没有什么稀罕的，"哥伦布说，"可你们为什么做不到呢？"

成功做事都是从"想"开始的，有一个最初的想法或梦想，才会有既定的方向，才知道从哪里开始着手，去解决问题，要怎么做才能获得成功。其实这里的想就是我们所说的思维。你的想法和别人一样，只不过看见别人这么做了，获得了一定的成功，所以你眼红了，想跟随着别人的脚步前进。但是取得成功的是第一个吃螃蟹的人，后来者往往被渐渐地覆盖在那些毫无新意、陈词滥调的大量复制品的竞争中。传统的观念里，总是认为只要付出辛苦的劳动，就一定会有收获。时代不同了，这样的观念也应该有所改变。不同的岗位对待人的要求是不一样的，很多成功的人士告诉我们：成功有时候靠的不是运气，不是能力，不是机会，而是一种独特的、睿智的思维。一个人只有具备了这个条件，才有可能成功。有多少已经获得成功的人，却由于自己的一个想法不适，而导致企业一夜之间土崩瓦解，这也告诉我们思维对于决策的重要性。

思维从来没有像现在这样重要，它的重要性不仅仅在于它是个想法，更重要的是它会变成现实，将你的主观意志通过一点点的实践变成客观存在。一个好的想法，就好像插上翅膀的鸟儿，带你飞向梦想的天堂。一个落后失败的思维，就像一颗炸弹，让你瞬间失去所拥有的，把你拖向地狱。

世界是在不断变化发展着的，这个社会也是如此，每时每刻都会有新的问题出现，等待我们提出新的解决方案，而我们却还用老一套的思维方式去解决它，势必不会取得成功。人们总是习惯跟着思维惯性走，却忘记了新的惯性已经出现，老的已经不再适用。这就是在新问题面前人们失败的原因，不是没有能力解决它，而是没有跟上变化的脚步，没有用全新的方法和方式去处理它。

传统的思维给了我们太多的禁锢，使我们的思想只能在很小的范围内发挥作用，一旦情况发生改变，我们就没有了一点还手之力。我们从小就被教育，鱼与熊掌不可兼得，这句话告诉我们不要贪心，但是与此同时也限制了我们的野心与欲望。如果你有能力，为什么不能鱼与熊掌兼得呢？如果可以，为什么你不能把事业、家庭、爱情平衡好呢？说到底，是你给自己套上了一个枷锁。我们应该试着打破这种枷锁，遇到类似的情况时，先问一问自己，如果不按照常规的想法，结果会是怎么样的。我们争取做个善于创新的人，能时时打破思维枷锁，成功解决生活中所遇到的一切难题。

换个角度去思考问题

当我们遇到障碍，经过努力仍然没有进展的时候，就要想想是不是可以从其他角度来解决这一问题。换个角度去思考问题，往往能将你带到一个柳暗花明的新境界。

生活不是一个一帆风顺的过程，在面对种种难题时，不能只是盲目的执着，也不能只从问题的直观角度去思考，要不断挖掘自己的潜力，从不同的角度寻找解决问题的办法，这样往往就会使问题出现新的转机。下面的这个故事就阐释了这个道理。

安易末是一家大公司的高级主管，他面临一个两难的境地。一方面，他非常喜欢自己的工作，也很喜欢工作带来的丰厚薪水——他的位置使他的薪水只增不减。但是，另一方面，他非常讨厌他的上司，经过多年的忍受，他发觉自己已经到了忍无可忍的地步了。在经过慎重思考之后，他决定去猎头公司重新谋求一个别的公司高级主管的职位。猎头公司告诉他，以他的条件，再找一个类似的职位并不费劲。

回到家中之后，他把这一切告诉了他的妻子。他的妻子是一位教师，那天刚刚教学生如何重新界定问题：把正在面对的问题完全颠倒过来看——不仅要跟你以往看问题的角度不同，也要和其他人看问题的角度不同。她把上课的内容讲给了丈夫听，安易末听了妻子的话后，一个大胆的主意在他脑中形成了。

第二天，他又来到猎头公司，这次他是请猎头公司替他的上司找工作。不久，安易末的上司接到了猎头公司打来的电话，请他去别的公司高就。尽管他完全不知道这是他的下属和猎头公司共同努力的结果，但正好这位上司对于自己现在的工作也厌倦了，所以没有考虑多久，他就接受了这份新工作。这件事最奇妙的地方就在于，上司接受了新的工作，结果他目前的位置就空出来了。安易末申请了这个位置，于是他就坐上了以前他上司的位置。

在这个故事中，安易末本意是想替自己找份新工作，以躲开令自己讨厌的上司。但他的妻子让他懂得了如何从不同的角度考虑问题，结果，他不仅仍然干着自己喜欢的工作，而且摆脱了令自己无法忍受的上司，还得到了意外的升迁。类似的故事还有一则。

人们听说有位大师花费几十年来练就了移山大法，于是有人找到这位大师，央求他当众表演一下。大师在一座山的对面坐了一会儿，就起身跑到山的另一面，然后说表演完了。众人大惑不解。大师微微一笑，说道："事实上，这世上根本就没有什么移山大法，唯一能够移动山的方法就是：山不过来，我就过去。"

有时候，人只要稍微改变一下思路，人生的前景、工作的效率就会大为改观。作为有理想、有抱负的现代人，我们应努力培养自己突破创新的能力。这就需要我们在平常的工作生活中，不断收集各种信息，对于身边发生的一切事情，都必须从不同的角度去思考，并努力发掘一切机会，这样才有可能在自己的工作和事业上开创出一片新的局面。从另一个角度思考问题，往往还可以得到意想不到的结果。

有一天动物园管理员们发现斑马从笼子里跑出来了，于是开会讨论，一致认为是笼子的高度过低。所以它们决定将笼子的高度由原来的 10 米加高到 20 米。结果第二天他们发现斑马还是跑到外面来，所以他们又决定再将高度加高到 30 米。

没想到隔天居然又看到斑马全跑到外面，于是管理员们大为紧张，决定一不做二不休，将笼子的高度加高到 100 米。一天长颈鹿和几只斑马在闲聊，"你们看，这些人会不会再继续加高你们的笼子？"长颈鹿问。"很难说。"斑马说，"如果他们再继续忘记关门的话！"

其实很多人都是这样，只知道有问题，却不能抓住问题的核心和根基。从另一个角度思考问题，说不定探寻很久的事情就会迎刃而解。

俗话说："穷则变，变则通。"当某条路走不通时，不要再一味"坚持"，而要变换思路，换个角度去思考。这个世界上，没有什么东西是永远静止不前的，我们的思维要学会创新，才能跟上时代的步伐。

破纪录修炼

开拓思维的游戏

游戏一：打破惯习

游戏目的：

使人们体会固有的思维模式以何种方式阻碍人们获得成功。

游戏准备：

人数：不限。

时间：5~10分钟。

场地：教室。

材料：准备一张图。

游戏步骤：

主持人在展示图示前，先说明："请大家保持纸上的箭头向下。如果你们读出来上面写了什么，请举手。"

人们不许说出答案。

然后将图示传下去让大家轮流看。

一般，10%~15%的人们以前看到过类似的图示，能很快看出写的是"FLY"。

主持人在给予看出的人们以鼓励之后，问大家："其他同学看不出写了'FLY'吗?"

主持人引导人们注意颜色的变化，留心中间空白处，而不是黑色部分。

游戏心理分析：

固定的思维会让人们陷入一种模式中，使人们很难突破思维带来的限制。突破传统就意味着有好的创意。事实上，公开信息中也蕴藏着创意的线索，但在现实中，人们常常会忽略那些公开信息，认为如此明显的机会根本就不是机会。

游戏二：物体的用途

游戏目的：

这个游戏让人们在规定的时间内想出指定物体的尽可能多的用途，创造性地开发人们的思维。

游戏准备：

人数：不限。

时间：不限。

场地：最好是带沙发的舒舒服服的休息室。

材料：纸、铅笔或者其他任何物品。

游戏步骤：

(1) 将参与者分成若干组，每组5~7人。确定一样物品，比如可以是铅笔或者其他任何东西，让人们在1分钟以内想出尽可能多的它的用途。想法越古怪越好，鼓励异想天开，不许有任何批评意见，只考虑想法，不考虑可行性。

(2) 每个组选出一人记下本组所想出的用途。

(3) 一分钟后，推选出最新奇、最疯狂、最具有建设性的用途，想法最多、最新奇的组获胜。

游戏心理分析：你是否会惊叹于人类思维的奇特性，惊叹于不同人想法之间的差异性？人的大脑所蕴藏的力量是无法估量的。在短时间内，聚精会神努力搜索，大脑就会冒出许多创造性的想法。

游戏三：人工机器

游戏目的：

看人们的想象力和动脑能力。

游戏准备：

人数：不限。

时间：不限。

场地：不限。

材料：无。

游戏步骤：

（1）将参与者分成若干组，最好每个小组8～12个人。给每个小组5分钟的时间设计出一台人工机器，小组中的每个队员都是机器的一个组成部分，各个组成部分相互关联，一个组成部分的活动会引发其他组成部分的相关活动。5分钟后，各个小组依次展示自己设计的人工机器。全体队员一起选出最佳设计。

（2）每个小组展示完自己的人工机器后，让大家把所有的人工机器连接起来，形成一个大型人工机器。

（3）在设计机器的过程中禁止说话。主持人可以事先在纸上写出需要设计的机器名称，比如香肠加工机、大钟、自行车、计算器、打字机、咖啡过滤器、混凝土加工机等，让不同的小组按纸上规定的名称设计机器。在机器展示的过程中，让其他小组猜出各个机器的名称。

游戏心理分析：设计是把一种计划、规划、设想通过视觉的形式传达出来的活动过程。这是一个开动人们的想象力的游戏，人们在游戏中尽情发挥自己的想象，让自己设计的机器成为最佳设计，这不仅开发人们的动脑能力，也考验人们的动手能力。

第三章

成长破纪录：放大格局，大胸怀方可谋求大发展

心有多大，梦想就有多大；格局有多大，成功就有多大。不同的人有着不同的命运，主要取决于一个人的格局大小。有大格局的人，能够体验到“会当凌绝顶，一览众山小”的喜悦，而一个格局小的人也只能发出“瞻题蕴精奥，守位重仔肩”的感慨。我们要想取得成功，就不要只停留在羡慕别人的成就上，而是要懂得为自己确立一个大格局。

“局限”就是自己设的“局”太小

在很多时候，我们并不是不想取得成功，也不是不想去努力奋斗，但是，往往会因为一些客观因素的阻挠和羁绊而苦恼不已。在受到阻挠之后，我们会把这些东西归结为个人能力、外部环境、社会时代的局限。在这种心态的影响之下，我们也就产生了一些“生死有命，富贵在天”的想法，做起事情来也失去了动力和激情。

实事求是地说，局限是存在着的。每一个社会时期和历史发展阶段都会对人的追求起到一定的限制作用。因此这就要求我们在做事情的时候，应该考虑到社会和历史的因素。不过，这并不是说，当我们遇到一些限制的时候就应该退出或者转身。在绝大多数的情况下，我们感觉受到的限制并不是因为社会的因素，也和时代没有什么关系，在很多情况下，一切的原因只不过是自卑的心理给自己设定了一个极限罢了。正是我们把自己放在了一个狭隘的范围之内，才会让自己感到困难重重，从而产生了“不可能”的思想。

一切的困难和限制只不过是人的心障罢了。因为害怕困难，我们就给自己的思想设置了一堵墙，把自己关在墙内，不敢越雷池一步。其实，只要我们敢于打破这种心理的限制，就会发现，困难并没有那么可怕，成功也并没有那么遥不可及。

意大利人米什尼登上了珠穆朗玛峰之后，受到了全世界的关注。有一些记者特地赶来采访他。

记者问道：“海拔 8000 米的高度被登山运动员称为‘死亡高度’，你怎么在这氧气极为稀薄的死亡高度不带氧气瓶呢?”

米什尼回答说：“其实我的肺功能和一般人差不多。我只不过是想证明一下8000米的高度不是人的死亡高度罢了。当我走到8000米的高度上的时候，感到体力不支、呼吸困难，但是我觉得只要是有信心，就一定能够突破这种局限。当然，我并没有鲁莽地去做，而是每走一步都要停下来深呼吸20次，吸入维持生命活力的氧再走。”

记者又问道：“别人登上高峰的时候都会携带一面自己国家的国旗，而您却掏出了一块手帕，这块手帕对您来说有什么重要意义吗?”

米什尼笑着回答记者：“这块手帕并不是别人想象的那样充满浪漫的情调，它不是我的妻子也不是我的情人送的，而是我从商店里买回来的。我掏出这块手帕在高峰上挥动，只是想告诉别人，我登上珠穆朗玛峰就像爬上自己家的屋顶那样普通。我不带国旗，就是想告诉人们，只要敢于突破心中的局限，就能够登上这个高度。不管你是意大利人还是其他国家的人。”

每个人能够达到的理想高度，一般就是人们在心中自己为自己设定的那个顶峰。如果一个人心中从来没想过要达到什么样的高度，他就很难不会获得成功。

在历史的长河中，每一次新事物的出现，每一个人的成功，都是不断超越自己的结果。如果人们都将自己固定在一个狭小的空间内，被太多的规则、条约所束缚，那么我们的世界就不会是现在这个样子了。

在土耳其流行着这样一句话：“每个人的心中都隐藏着一头雄狮。”意思就是我们每个人都具有无限的潜力，只要我们善于发掘，不将自己局限于狭小的范围，懂得开拓自己的视野，那么就一定能够实现一切不可能的事，一步步接近成功，使自我价值得到体现。

我们每个人的力量都是可以被挖掘出来的，主观地进行自我限制必定会成为我们获得更大成功的绊脚石。因为，在很多时候，并不是我们没有能力做好，而是因为我们给自己设的“局”太小。如果我们能够打破这种小格局突破自我限制的话，就能拥有更广阔的人生空间了。

格局决定命运，远见决定高度

有一次，一个哲学家经过一个建筑工地，看见三个工人正在太阳的照射下汗流浃背地砌墙。哲学家就走上前去，想和他们交流一下。哲学家问他们说：“哎，朋友们，你们在做什么啊?”

第一个人转过身来，没好气地扔掉手中的工具，不耐烦地对他说：“你的眼睛瞎了吗？我在砌墙呢？这么热的天，我还要干这种活，真是遭罪！”看样子，这个人对工作十分不满。

第二个工人没有转身，他一边砌墙，一边回答说：“我在上班呢。虽然这个工作比较累，但是每天还能收入几十美元，至少也能养活我的家人。对不起了先生，我要干活了，如果今天的工作量完不成的话，恐怕今天我就要喝西北风了。”哲学家看得出来，这位工人虽然对这份工作不满意，但是为了生活已经习惯了。

第三个人好像对自己的工作很感兴趣，一边工作，一边愉快地回答：“我在建造世界上最坚实、最漂亮的一幢别墅！过上一段时间您再来的话，一定能够看到我亲手建成的别墅。”

后来，第一个人由于对工作不满意辞职了。在以后的几年里，他接连换了很多种工作，但是在新鲜劲过后又感到厌倦了……周而复始，最终一事无成；第二个人老老实实地砌了几十年的墙，养活了自己的一家老小，但至死仍然是一个砌砖匠；第三个人先是成了一名包工头，后来又成了一家房地产公司的老总，他设计、建筑的大厦、别墅、公寓楼等，得到了客户们的一致好评。

三种不同的人生格局造就了三种不同的命运。同样的工作，第一个人感到枯燥无味，没有前途；第二个人是为了维持一家老小的生计而机械地工作；第三个人却能够从枯燥的工作中看到光明的前途，把眼下的工作看成了事业的一部分。最终，他成为了房地产公司的老板。

在现实生活中，每个人都渴望福星高照、紫气东来、鸿运当头。不过，我们应该明白，所有的好运气并不是上天赐予的，而是由一个人的生活格局所决定。有大格局的人，对人生有一个大的目标，绝不会把自己局限在一个狭小的空间之内，而是准备将事业做到最大。因此，他们就踏平坎坷，最终成为了成功者。而一个格局小的人，脑海中有着太多的障碍，只能看到眼前的东西，对未来缺少规划，最终成为了失败者。

克洛克是一家推销混乳机的小公司里的小领导。混乳机是一种能同时混合拌匀五种麦乳的机器。1954 年，他在加利福尼亚州圣贝纳迪诺城发现了一家小餐厅，这家餐厅的名字叫麦当劳，老板是兄弟俩——理查德·麦当劳和莫里斯·麦当劳。当时，兄弟俩向他购买了 8 台机器。由于这是一个大客户，克洛克决定亲自出马来和他们谈这笔生意。他到了圣贝迪纳诺城，发现这家餐馆的生意非常火爆，有许多顾客为了买到他们做的牛肉汉堡不惜排几个小时的长队。

克洛克看到之后，就向他们提出建议："既然你们的生意这么火，应该多开几家分店才对啊。"不过兄弟俩却摇了摇头，哥哥指了指对面的山坡说："你看到山上的那栋房子了吗？那是我们两个人的家，我非常喜欢住在那里。假如我们开了连锁店的话，我们回家的时间就会少了。"

克洛克想了想，觉得这是一个能让自己发财的机会。于是，他就向兄弟俩提出了由他自己来开分店的要求。克洛克向他们许诺，如果能够让他来开分店的话，每年会让他们抽取 5% 的利润。兄弟俩答应了他的要求。

1955 年 4 月 15 日，克洛克在芝加哥郊区开了第一家麦当劳餐馆的分店。后来，随着利润的增加，克洛克又及时地增设了别的分店。到 1960 年，麦当劳餐馆已经拥有了 280 家连锁分店。在 1968 年之前，麦当劳餐厅每年大约有 100 家分店陆续开张，此后就变成了每年以 200 家以上的数量扩张。

1961年，事业越做越大的克洛克决定以270万美元的价格向麦氏兄弟买下主权——包括名号、所有商标、版权以及烹饪处方等。从此之后，麦当劳餐厅的所有权就属于克洛克一个人了。克洛克说："他们比我年轻，可是他们歇手了。我可不能抛锚，当你年轻的时候只要能奔，就得前进，到你老了，一停手就会僵化。"

现在，麦当劳成为了全球最大的快餐连锁店。克洛克这样说："如果一个人的格局仅仅停留在一个非常小的空间里的话，麦当劳是不会需要他的。"

大千世界，芸芸众生，不同的人有着不同的命运。造成不同命运的原因主要是每个人的人生格局。一个人的格局越大，成就也就越大；格局越小，成就也就越小。

我们要想取得长久的进步和发展，就要懂得设计自己的人生大格局。主动地去进行思想和认识上的提升，抛弃脑海中的条条框框，尽情地舒展人生，为自己的人生创造一个更高更好的平台。

不怕起点低，就怕境界低

纵观人类管理史，流芳百世的是企业家的管理思想和他们的境界，而非具体的经营方式。所以，不怕起点低，就怕境界低。

人们常说，境界来自修养，修养来自知识。知识源于追求，追求源于信念。古人云："取乎其上，得法其中；取乎其中，得法其下。"兵法也讲"上兵伐谋"就是"不战而屈人之兵"。至于做人则提倡"海纳百川，有容乃大；壁立千仞，无欲则刚"。凡此种种，都在向我们描述着一种境界。在现实当中，境界直接决定企业领导者的管理方式与行为特征。

谈到境界，不得不提到华人企业领袖李嘉诚先生。众所周知，李嘉诚先生生意做得大，与他的人格魅力紧密相关，而这份人格魅力，体现的也是他那种超越小我、利他为本的精神境界。

我们一起来看李嘉诚的事例：

当李嘉诚的长江公司成为世界上最大的塑胶花生产厂家后，由于他在塑胶业有口皆碑的声誉，李嘉诚被推选为香港潮联塑胶制造业商会的主席。

正当香港整个塑胶行业风生水起、如日中天的时候，中东战争引发的石油危机席卷全球，全球经济受到一定的冲击。

当时的情况是，香港的塑胶原料几乎全部依赖进口，价格由年初的每磅0.65元暴涨到每磅4~5元。这带来了塑胶制造业的恐慌。在这种情况下，很多厂家不得不宣布破产。

事实上，价格暴涨的根本原因还不是石油危机，国外塑胶原料的出口离岸价只是略有上涨，主要是香港的进口商利用业界因石油危机产生的恐慌心理，纷纷垄断，把价格炒到厂家难以接受的地步。

在这场关系到香港塑胶业生死存亡的危机中，李嘉诚挺身而出，做出了挂帅救业的选择。

其实，李嘉诚的经营重点当时已经转移到了地产上，而且收益颇丰，塑胶原料危机，对长江事业的影响微乎其微。李嘉诚之所以做出这种选择，主要是出于公心和义务。

在李嘉诚的带领下，大大小小数百家塑胶厂家，入股组建了联合塑胶原料公司，原先单个塑胶厂家无法直接由国外进口塑胶原料，是因为购货量太小，对方不予理睬。现在由联合塑胶原料公司出面，很快达成交易，所购进的原料，按实价分配给股东厂家。面对这种局面，其他原料进口商只能做出降价的选择。

笼罩全港塑胶业两年之久的原料危机，就这样轻易地化解了。在危难之中，受李嘉诚帮助的厂家达几百家之多。李嘉诚的这种做法不仅挽救了整个行业，更赢得了人心。

从上述故事中，我们可以感受到李嘉诚为何能够成功的一流商道。它充分说明：境界，不仅是一个人的创业之本，也是一个企业做大做强的灵魂！

企业家是企业的灵魂，企业在经营什么，就看企业家心中装着什么了。企业家心中有什么，企业就在经营什么，这就是企业家的胸怀、企业家的境界。

许多国有企业总是“搞不活”，原因何在？据说这其中也有一个境界问题。“煽起，弄大，搅浑，撇远”被称为腐败厂长的“四部曲”或“八字方针”。所谓煽起——即造势，借助传媒，拉拢政客名人，炮制“肥皂泡”，欺世盗名。弄大——借助华丽的外衣，通过银行贷款等融资手段，铺摊子，上规模，轰轰烈烈。搅浑——通过变戏法，使企业（集团）内部产权关系错综复杂，中洋兼有，公私混杂，外人“割不断，理还乱”，个中秘诀只有厂长自己清楚。到头来，“解铃还须系铃人”。撇远——将烂摊子撇给政府和社会，而自己躲在远处隔岸观火，窃窃自喜，什么“操劳”“辛苦”见鬼去吧！国企一旦遇上这帮败家子，其好日子自然远矣！

上海实业（集团）有限公司董事长蔡来兴说：“一个企业可以跳多高，很大程度上取决于企业家的境界：你的境界有多高，企业就能飞多高。因此，企业家本身怎么提高自己的境界非常重要。企业家的境界和需求归纳为四个方面：一是企业家必须要独具慧眼；二是企业家必须诚信唯上；三是企业家必须百折不挠；四是企业家必须不断地创新。”

记得有一则故事讲，一企业主去寺庙求签问道，道长即奉茶招待。谁知道长刚一倒茶，企业主就嚷嚷：“满了！满了！”道长听此，回敬说：“你满脑子都是满了！满了！哪还能装进别的东西，你还是回去吧！”

如此看来，修身养性、提高境界必然是淡泊明志、宁静致远。

别把自己放在失败的格局上

我们每一个人都不愿意面对失败的局面，但是失败却又是无处不在的。有很多人在遇到了一些失败之后，就会变得意志消沉、自暴自弃，从而过分地贬低了自己的能力，认为自己做什么事情都不可能取得成功。在这种心态的支配下，他们将所有的自信和勇气都埋藏起来，让消极的意念在内心世界中无限延伸。

失败可能会给我们的心理带来失落感和烦恼的情绪，但是这并没有什么可怕的。当失败出现在面前的时候，我们应该正确地看待它。其实，失败本身还是存在着很多有利因素的，只不过很多人却未发现。失败就像是一块磨刀石，能够磨砺我们的意志、鼓舞我们的斗志、锻炼我们的坚毅品格，最终能够让我们成为一个坦荡面对厄运，并最终获得成功的人。因此，我们不能一味地害怕失败，而是要用自信的心态来面对它，用实际的行动来克服它，从而排除一切障碍，让自己走向成功。

在人生的道路上，失败和挫折是在所难免的。我们不能因为一时的失败而给自己贴上“失败者”的标签，更不能心灰意懒、丧失斗志。毕竟，失败是对我们的考验，在失败面前，我们不能裹足不前，原地不动，而是应该积极前进，只有迈开你的脚步，才有可能获得成功的机会。

一个有着坚忍毅力和坚强信念的人，是绝对不会给自己贴上失败者的标签的。他们不会轻易服输，更不会因为挫折和失败而放弃希望和行动。失败对于他们来说，绝对不是最终命运，而是一次让自己变得更加强大的机会。因此，在失败来临的时候，他们都会毫不犹豫地站起来，挺直胸膛，迈开脚步，以更大的勇气和热情去扫除那些前进路上的障碍，从而最终走向成功的巅峰。

比尔·休利特和戴维·帕卡德大学毕业之后，四处投简历、找工作；但是，一直没有人愿意雇用他们。碰壁之后的两个年轻人感到非常绝望，认为此生难有作为，于是就产生了稀里糊涂打发一生的想法。但是，两个有血性的年轻人又觉得如果碌碌无为度过一生的话，就会愧对自己的生命和所受到的教育。两个人重新树立了信心，再次奔跑在纽约的大街小巷上，寻找能够接纳自己并且能够帮助自己发展的公司。然而，这一次他们又失败了。当时的美国正处于经济大萧条时期，许多公司都在忙着裁员，根本就不需要他们。

既然择业不行，那么就创业吧，两个人决定要干出一点名堂来。他们在加州租了房子，开始搞一些小电器的发明，希望能够通过销售专利产品而开创自己的事业。但是，整整一年，他们的产品都无人问津，两个人没有收入来源，过着饥寒交迫的日子。不过，他们并没有认为自己失败了，而是选择了坚持。

第二年，他们经过不断努力研制出的新产品被一家公司看中，买走了专利权。两个人终于迈出了走向成功的第一步。后来，两个人的事业越做越大，他们也成了有关电子元件和电子检测仪器的供应商，这就是今天著名的惠普公司。

美国西点军校有名著名的格言："永远没有失败，只有暂时的成功。"尽管每个人都不能确保每一件事都能成功，但是在遇到失败之后如果能够鼓足勇气再试一下的话，即使不能取得显著的成效，但却离成功更近了一步。

成功者虽然有很多失败的经历，但是他们的字典里永远没有失败的字样。一个成功的人，他的奋斗过程是由很多失败组成的。但是他们却永不言败，能够及时地对失败作出总结和调整，最终让自己走向了成功。因此，心怀理想的人，在遇到失败之后，一定不能轻易把自己定在失败者的位置上，而是要向成功者们学习，坚持自己的方向，以坚韧不拔的毅力来面对失败、战胜失败，最终取得非凡成就。

志向决定发展格局

志向决定发展格局，没有最好，只有更好。永远不对自己的现状满意，永远向着更高的目标前进，你永远可以做得更好。

有一位男孩，由于一直跟着作为马术师的父亲到处表演居无定所，因此他的学业受到很大的影响，成绩很不理想。

一次，老师让学生们写一篇文章，谈一谈自己长大后的志愿。

那天晚上，这个男孩写了很多关于他的伟大志愿：

“长大后，我想要建造自己的农场，还要在农场附近盖一所400多平方米的房子，拥有很多很多的牛羊和马匹。”

没有想到的是，老师给他的这篇文章打了一个非常刺眼的“F”，也就是不及格，并叫他下课后去见他。

“老师，我不知道为什么我的作文会得F?”他怀疑地问道。

“我认为你的愿望并不符合实际，是一种空想。你能确定长大后就有能力买一个农场吗？你怎么可能会拥有那么大的房子，还有牛羊和马匹？假如你考虑依据实际情况重写的话，我会想想为你重新打分的。”老师回答。

男孩回家后依旧不理解老师的行为，他思考了很久，并询问了父亲。父亲了解了情况后，意味深长地对他说：“孩子，我觉得作为不及格并不重要，重要的是你要坚持自己的这个志愿，千万不要放弃自己的理想。”

儿子听后，深受启发。他决定不再重写自己的作文，也没有改变自己当初的梦想。

20年后，这个男孩最终实现了他的梦想，他拥有了一个农场，农场中建造起一栋自己理想中舒适而漂亮的豪宅。

文中所说的这个男孩就是美国著名的马术师杰克·亚当斯。

实际上，生活中有很多这样的人，他们要么是做什么事都持以听天由命的态度；要么没有远大的理想和目标，凡事得过且过；要么因缺乏信心，认为好多事都是实现不了的，于是不再为此而努力……如此种种，都不会获得成功。所以，请不要为那所谓的命运所束缚，也不要武断评论他人的命运。如果一个人凡事都畏缩不前，犹犹豫豫，不敢积极去追求而任由消极情绪支配自己的想法，最终也只能是一生都碌碌无为，不能获得任何成就。

一名不想成为将军的士兵很难在军队中出类拔萃；一个不想成为大企业的拥有者的商人，就注定要在自己的小圈子里转；一位不想成为领袖人物的政客，往往只能影响一小部分力量。因此，你要敢想、敢做，才有可能把自己的目标变成现实。

一个人如果想获得成功，就必须要以高标准来要求自己，为自己划定更高的目标。若是总拿普通人的标准作为标准的话，你永远都只能是一个普通人。当然，在确定自己目标之后，你还要有足够的自信，相信自己能够成功，能够成为佼佼者，能够为了实现目标而无所畏惧，这样你就能成为同类竞争对手中的佼佼者。

在我们每个人的身上都有上帝赋予我们的特别的非凡天赋，如果你不懂得如何善加利用，那就只能甘于平庸。如果你开发并利用了这个潜能，那你就能成就一番事业。

总是把自己的志向往更高更远的地方推进的人往往是最接近成功的人。正是这一点点提高，一点点改进，推动了整个人类的进步，铸就了平凡人的成功。正是人们不断追求卓越，追求第一，才造就了完美。

如果成功在彼岸，志向就是航行的船只；如果夜归的船在行驶，志向就是海面上的灯塔。志向是成功的基石，伟大的成就往往来自远大的目标，若要建成大厦，必先绘制蓝图。

用雄心抱负点燃人生火焰

很多人之所以失败，是因为他们胸无大志，懒惰无比，因而根本不可能取得成功。他们不愿意从事含辛茹苦的工作，不愿意付出代价，不愿意作出必要的努力。他们所希望的只是过上一种安逸的生活，尽情地享受现有的一切。在他们看来，为什么要去拼命地奋斗、不断地流血流汗呢？何不享受生活并安于现状呢？

服用过量的吗啡，对一个人来说，无疑意味着死亡，医生会想方设法让他保持清醒。有的时候，为了达到这个目的而必须采用一些非常残忍的手段，比如使劲地捏、掐患者，或者是对他进行重击，总之，必须用一切可能的手段来驱逐睡魔。在这种情况下，一个人的意志力就起着决定性的作用，一旦他意志消沉，陷入睡眠，那么他很可能就再也不会醒过来了。

雄心抱负往往在我们很小的时候就初露锋芒。如果我们不注意仔细倾听它的声音，如果它在我们身上潜伏很多年之后一直没有得到任何鼓励，那么，它就会逐渐地停止萌动。原因很简单，就跟许多其他没被使用的品质或功能一样，当它们被弃置不用时，它们也就不可避免地退化或消失了。

只有那些被经常使用的东西，才能长久地焕发生命力。一旦我们停止使用我们的肌肉、大脑或某种能力，退化就自然而然地发生了，而我们原先所具有的能量也就在不知不觉中离开了我们。

如果我们没有去注意倾听来自心灵深处的“努力向上”的呼声，如果你不给自己的抱负时时鞭策加油，如果你不通过精力充沛的实践有效地对其进行强化，那么，它很快就会萎缩老化。

得不到及时支持和强化的抱负就像是一个拖延的决议。随着愿望和激情一次次地被否定，它要求被认同的呼声越来越微弱，最终的结果就是理想和抱负的彻底消亡。

拥有强大的抱负而久久不去行动，导致理想破灭的人不在少数。尽管他们的外表看来与常人无异，但实际上曾经一度在他们的心灵深处燃烧的热情之火现在已经熄灭了，取而代之的是无边无际的黑暗。他们在这块大地上行走，却仿佛只是没有灵魂的行尸走肉，他们的生活也就变得毫无意义。不管是对他们自己还是对这个世界，他们的存在都变得毫无价值。

世界上存在着许多可怜卑微的人，毫无疑问，那些抱负消亡的人是属于其中的一类——他们一再地否定和压制内心深处要求前进和奋发的呐喊，由于缺乏足够的燃料，他们身上的理想之火已经熄灭了。

一个人无论他现在的处境多么恶劣，或者先天的条件有多么糟糕，只要他保持了高昂的斗志，热情之火会熊熊燃烧，那么他就是大有希望的；如果他颓废消极，心如死灰，那么，他人生的锋芒和锐气也就消失殆尽了。

如何保持对生活的激情，远离漫无目的的生活，坚定明确的奋斗目标，永远让炽热的火焰燃烧，这是生活对我们最大的挑战。

那种从心理上欺骗自己、麻醉自己的人，无疑是不争气的。只要自己有乐观向上、期盼着实现自己的理想和抱负的想法，就能达到目标。

野心：弓拉得越满，箭飞得越远

"野心"具有强大的推动力，人类如果拥有"野心"，就有力量攫取更多的资源。

野心可以成就的事业，是我们行动的原动力。如果没有野心，即使心系成功的人也会流于平庸。其实，野心就是雄心，就是目标，就是方向。

黑人领袖马丁·路德·金曾说过这样一句名言："世界上的每一件事都是那些揣着野心的人们做成的。"工作中如果我们的野心越大，欲望也就越强烈，谋取目标就越有可能。正如弓拉得越满，箭就飞得越远一样。

美国有名的汽车大王亨利·福特，在12岁那年，随着父亲驾着马车到城里，偶然间见到一部以蒸汽机做动力的车子，他觉得十分新奇，并在心中想：既然可以用蒸汽做动力，那么汽油应该也可以，我要试试！

在当时看来，这是个遥不可及的野心，但是从那时候起，他便为自己立下了十年内完成以汽油做动力车子的誓愿。

福特的野心越来越大，他告诉父亲："我不想留在农场里当一辈子农民，我要当发明家。"

离开家乡后，福特到了工业大城市底特律，当了一名最基本的机械学徒，逐渐对机械有了更深的认识，他一直没有忘记他的野心，每天劳累地从工厂下班后，仍孜孜不倦地从事他的研发工作。

在他29岁那年，福特终于成功了。在试车大会上，有记者来问：

“你成功的秘诀是什么？”

福特想了一下回答说：“因为我有野心，所以才成功。”

同样，美国人约翰·富勒也是这样一位具有野心的人。富勒家中有七个兄弟姐妹，他从5岁开始工作，9岁时会赶骡子。他有位了不起的母亲，她经常和儿子谈到自己的梦想：“穷，但不能怨天尤人，那是因为你爸爸从未有过改变贫穷的欲望，家中每一个人都胸无大志。”

母亲的话植根于富勒之心，他一心想跻身于富人之列，开始努力追求财富，12年以后，富勒接手了一家被拍卖的公司，并且还陆续收购了7家公司。

当他谈及成功的秘诀，还是用多年前母亲的话回答：“我们很穷，但不能怨天尤人，那是因为爸爸从未有过改变贫穷的欲望，家中每一个人都胸无大志。”

富勒在多次受邀请演讲中说道：“虽然我不能成为富人的后代，但我可以成为富人的祖先。”

暂时没有成功，没有地位、财富，无关紧要，只要你有野心，有把野心转化实践的智慧和毅力，你的成功就指日可待。

记住：成功与失败之间有时差距很小，一次动摇也许就能彻底改变你的人生，而野心恰恰是所有成功因素中最重要的一个。你只要拥有了足够大的野心，就一定能够取得更大的成功。

破纪录修炼

你的人生规划课

练习1：规划人生目标

人生规划不仅是实现你长期目标的时间表，也是实现影响你平时生活的若干小目标的时间表。人生规划的目的就是要让你集中注意力，在一定的时间内，有效地利用你的脑力和体力完成一定的事情。实际上，注意力越集中，脑力和体力的使用就越有效。人生规划可以合理地分配你的精力。以下是人生规划设计的四个步骤。

步骤之一：

你要明确你的主要人生目标。这里所说的主要人生目标是指你要用一生去追求的一个长远的比较固定的目标，其他的一切事情都是为实现这一目标服务的。请写下你的人生目标：

____

____

步骤之二：

当明确自己的主要人生目标之后，你开始为实现这个目标而做了哪些准备：

____

____

步骤之三：

请写下阻碍你目标实现的因素，你是如何克服这些因素的：

____

____

步骤之四：

在制定好以上较为详细的目标后，你就要着手策划如何去实现它们：

____

____

练习2：规划职业目标

设定职业生涯目标是职业生涯规划的重中之重。有没有正确的职业目标，在很大程度上决定了一个人事业的成败。没有目标就像大海中与风浪搏击的小船，失去了方向，不知道自己的未来在哪里。只有明确了自己的目标，才能保证奋斗的正确方向，就像海洋中的灯塔一样，引导你避开险礁暗石，走向成功。

1. 写下你的职业短期目标（短期目标一般为1~2年，短期目标又分日目标、周目标、月目标、年目标）。

日目标：______________________________

周目标：______________________________

月目标：______________________________

年目标：______________________________

2. 写下你的职业中期目标。

____

____

3. 写下你的职业长期目标。

____

____

第四章

成功破纪录：生命不息，成功不止

在这个万马奔腾、百舸争流的时代，“成功”一词越来越引人注目，因为人人都渴望成功。那么什么是成功呢？无非是目标达到、计划完成、愿望实现。或者简而言之，就是做好想做的事情。然而，许多人对成功需要付出的艰难望而却步，最终没有达成自己的目标，或是根本没有去做自己想做的事情。事实上，并不是因为事情困难我们不敢做，而是因为我们不敢做事情才变得困难。

不要误读了成功学的真谛

成功是很多人追求的，不管是功成名就还是财富万斗。在成功学泛滥的今天，很多人却误读了成功学的真谛。如果把那些错误的成功学当作座右铭，你很可能会为此付出很大代价。

1. 误解一：坚持就是胜利

“坚持就是胜利”，这原本是鼓舞人们斗志的一句话，然而，事实证明坚持之后未必都是胜利。“坚持就是胜利”的道理没错，但是前提必须是你所坚持的方向是对的。

2. 误解二：获得财富就是成功

在这个物欲横流的时代，认为获得财富就是成功的大有人在，积累财富已成为社会活动的中心。财富能改变人们的生活状态，能提高人们的生活质量，成功人士也都有着惊人的财富，因此，人们就自然而然地将成功与财富画上了等号。成功等同于财富往往是人们观望他人之后得出的结论，那么，你是否想过，自己成功的标准又是什么呢？也是获取财富吗？过分追求财富的人往往容易被金钱腐蚀灵魂，迷失方向，即便是“一夜暴富”或家财万贯者，也终究难成气候，甚至变成祸患。可见，财富只有在真正体现其价值的时候才能得到升华。

因此，不可简单地认为有钱就是成功。创造财富，并且正视财富，用财富来实现自己的人生价值才是真正的成功。

3. 误解三：是金子总会发光的

人们常说：“是金子总会发光的。”但是，是金子就真的一定会发光吗？如果金子被掩埋在土中，或是永远遇不到那双睿智的眼睛，那它也只能终生在期盼中等待。

如果把成功比喻成一个靶子，那么认为“是金子总会发光”的人就是在不断瞄准，一直瞄准，却迟迟未将子弹射出，而认为“实践会证明一切”的人就是在不停射击，直到掌握如何准确射击为止，无疑，后者成功的概率才最大。

因此，要在适当的时候学会主动，不要让你的智慧和才华在盲目的等待中被埋没、被忽视。

4. 误解四：朋友多了路好走

子曰：“独学而无友，则孤陋而寡闻。”没有朋友的生活是枯燥单调的，人生不能没有朋友。人的一生存在着很多变数，难免会出现困难和挫折，而现代社会关系的复杂又决定了一个人不可能单独健康愉快地生活。谁都需要朋友，有朋友相伴的人，才能在漫长曲折的人生道路上走得更顺直、更精彩。

常言道：“朋友多了路好走。”因此，很多人常常急于将那些刚刚认识的新面孔称之为朋友，并将其拉入自己的关系圈，然而，殊不知，大千世界，鱼龙混杂，友分益损。益友百人少，损友一人多。

朋友多了路不一定就能好走，只有找到对自己有益的朋友，路才能好走。他们在你陷入困境的时候能够给你必要的指导和帮助让你坚强，在你遇到难题时，能给予你启发唤醒灵感，能及时指出你在工作生活中存在的不足，能够与你促膝长谈，互相鼓励，这样的朋友才能让你的人生更加充实。

5. 误解五：做好每一件事

只做好一件事，就是等于“起点不高”“志向不远”“目标不大”。有这种偏激的想法，是由于人们一直错误地认为只有做好每一件事才能成功，所以凡事操心，事必躬亲。

然而古语有云：“有所为，有所不为。”人要学会审时度势，决定取舍，选择重要的事情去做。人的精力是有限的，只有集中精力专攻其一，才能在一些事情上做出成绩。大千世界，事事可做，但是人生短暂，不可能样样精通，倘若广泛涉足，难免蜻蜓点水，凡事也只能略知一二。成功不是做好每一件事，而是心无旁骛地做好一件事。许多科学巨人、文坛巨匠都是因为一生都在努力去做好一件事，才最终取得成功。

6. 误解六：成功不是第一

许多人错误地将成功定义为“第一”，只有第一才是成功，否则就是失败。我们不能否定第一是一种成功，但是，只有第一才是成功的概念则是对成功的误解。

这种误解的由来应当从上学的时候说起。很多孩子在父母“争取考个第一名”“要得第一名”等语言的刺激下，常常会产生只有第一才是成功的错误想法。而事实上，许多成功的人，在中学阶段成绩在班中并非第一名。中南大学教授蔡言厚等人曾对560位“高考状元”的成才状况做过一次调查，调查结论为：所谓的“高考状元”，未必就是社会的顶尖人才。同样，不少走出大学校园后成为社会佼佼者的人当中，也很少有人成绩是排第一的。

成功不是做第一名，而是让自己和他人拥有健康、幸福的状态，是超越自己、实现自己的价值，是“做最好的自己”。

7. 误解七：靠自己去成功

人生的道路坎坷崎岖，单靠你一个人是走不下去的，这个世界上，只有你和别人为了某个目标一起做事情，才能有所成就。一个人的力量是有限的，但是一群人的力量是无限的，因此我们必须编织自己的人际关系网，学会在各种环境下与人打交道，以此来帮助自己走向成功。

撑死胆大的，饿死胆小的

在现代竞争日益激烈的社会，没有一个人不渴望成功，那么，我们不禁要问：走向成功到底靠什么？关于这个问题的答案是多种多样的：有人说成功靠恒心、靠天赋；有人说成功靠信念、靠机遇；有人说成功靠习惯、靠心态……其实，通过大量成功人士的经验表明，成功通常靠的是胆识！

胆识究竟是什么呢？我们说胆识是一种重要的心理资源，在这种心理资源中，胆量、冒险、判断、知识、执行是胆识的主要构成成分。它是一种敢想敢干、敢闯敢冒险、敢作敢为的英雄气概，是一种大智大勇的恢弘人生气概！

胆识相对知识、见识来说，它是其中最重要的组成部分。

知识是科学的系统性学问，见识是“书山有路勤为径，学海无涯苦作舟”的精粹，很多时候，智慧常常通过胆识展现出来，胆识最主要是来自于个人的丰富知识。

在实际中，知识、见识、胆识三者常常息息相关、缺一不可，知识是见识的基础，见识是胆识的中心，胆识是知识和见识转化成财富的必要条件。光有见识而无胆识，则只能空发议论而没有行动能力。有这样一句俗话说：“秀才造反，三年不成。”主要的原因就是秀才只有知识和见识，却无行动的胆识，这种人可以做参谋、做军师而不是主将和统帅。因此，具备了知识和见识，更重要的还是必须有付诸行动的胆识，勇于冒险，开拓创新，追求卓越，才能走上成功之路，才能够做将军、做统帅，才能够成就大事。

遍观古今，只有那些具有有胆有识的人，才能在人类历史长河中留下耀眼的光辉。因此我们可以这样说：胆识造就伟业，古今中外，都是如此。

第二次世界大战结束之前，世界上赫赫有名、声名远播的政治家都是世界征服者，如亚历山大大帝、恺撒、成吉思汗、拿破仑等英雄人物。其次是大国的建立者、开创者、治国有方者。面对风云变幻的局势，试问，他们没有非凡的胆识能行吗？

在科学领域，科学家同样是想常人所不敢想、做常人所不敢为的事，他们之所以取得一项又一项的成果靠的是一种非凡的胆识，可以说一切发明发现，都是人类的胆识之花结出的胜利之果。

应该看到的是，现实生活中，我们要想拥有自己的一份事业同样需要胆识，需要冒险。有句话说得好“一个人只有承担大风险，才能获得大成功”。当然胆识不是莽撞，不是无谓的冒险，它不是莽夫的行为，而是一个有识之士在常人面对一件事情看似不可行之时，审时度势，看到危险中所蕴藏的际遇，勇于出手的气魄。生活中能找到理想出路的人，无不是具有这种气魄的人。

人们经常有这样的说法：

20 世纪 80 年代初，摆个地摊就能发财，可很多人不敢；

20 世纪 90 年代初，买只股票就能挣钱，可很多人不信；

21 世纪初，开个网站就能赚钱，可很多人不敢试。

“撑死胆大的，饿死胆小的”这句话有其存在的合理性，之所以这样说是因为有多大胆就能成多大事。这是亘古不变的真理！

纵观现实生活中的智者与庸人之间，成功与失败之间，强者与弱者之间，其实很多时候就是那一点一滴之差。但是，千万不要小看那一点点，有时候就是这一点一滴，造就了个人不同的命运。

跨越低情商的障碍

只要仔细观察，我们就不难发现，成功者往往是那些能调动自己情绪的高情商者。比如，一些在学校时成绩平平，被认为智商一般的学生，毕业后却如鱼得水，事业风生水起。为什么？因为他们能快速适应周围环境，抓住机遇。更重要的是，他们善于把握和调整自己的情绪，善于处理自己周围的人际关系，让自己左右逢源，因此他们成功了。

心理学家有过研究，往往成大事的人，他的智商并不一定高，但他的情商绝对是出类拔萃的。

举个例子，三国时候，诸葛亮与司马懿交战，论兵力，司马懿是无论如何也敌不过诸葛亮的，但司马懿有丰足的粮草，于是两军对峙，司马懿总是按兵不动。诸葛亮见司马懿总是不见动静，便有意要激怒他，于是让随从送了一件女人的衣服给司马懿。司马懿明白诸葛亮的用心，这不是耻笑司马懿是女人作为吗？士兵们见状一个个气愤难当，但司马懿并不计较，反而很高兴地穿上了那件衣服，四处招摇，他明知诸葛亮在用激将法，他又为何要上当呢？后来事情结果如司马懿所料，诸葛亮粮草不足，忧心忡忡，后不战而败，死于军营。

从这个故事里我们不难看出，司马懿当属高情商者，他能在大局面前控制自己的情绪，而不至于拿整个军营兵士的性命来做无赢之赌，倒是聪明一世的诸葛亮，非但没有如意料之中那样降服司马懿，反倒送了自家性命。

生活里，我们无师自通地都知道这样一个道理，那便是，人在生气冲动的时候，最容易做出错误的决定，轻则一时懊恼，重则痛悔一生，而导致这个结果的罪魁祸首便是人们相对不高的情绪智商。

高情商的人不易陷入恐惧或伤感，他们通常有较健康的情绪，这帮助他们认清自己的生存状态，更加积极地面对现实，最终踏上了成功之路。

搬开阻碍梦想的石头，让绊脚石变成垫脚石

人生是依靠梦想来支撑的，梦想有多大，你人生的舞台就有多大。而没有梦想的一个人，他的一生注定是苍白的，单调的，重复的，这样的一生等同于没有。

林肯，我们都不陌生，美国第十六任总统，当他出生时，这个世界赠给他的礼物是一所荒野上简陋的小屋和一双贫穷的父母；林肯7岁，他们全家被赶出居住地，他必须工作，这样才有可能生存下去；林肯9岁，母亲去世；18岁，林肯一边求学一边靠自制的摆渡船谋生；22岁，他经商失败，一贫如洗；23岁，他竞选州议员落选，想进法学院却未能获得入学资格，并且为此丢了工作；24岁那年，林肯又开始经商，向朋友借了一笔钱，却惨遭失败，这笔债务他还了16年；26岁时，林肯收获了美好的爱情，可即将结婚前，未婚妻却突然

病逝；27 岁那年，他心身俱疲，有半年时间是在病床上度过的；31 岁，已经成为州议员的林肯争取成为国会议员，落选；34 岁，他参加国会大选，落选；39 岁，他寻求国会议员连任，失败；40 岁，他想在自己的州内担任土地局长，被拒绝；45 岁，林肯竞选参议员，落选；47 岁，林肯争取副总统提名，落选；49 岁，林肯又一次竞选参议员，依旧以失败告终。

直至 51 岁的林肯当选美国第十六届总统，他之前的人生可以说是被失败拼接起来的人生，当然也有成功，否则他不可能一步登天，但那些成功少得可怜。然而，可贵的是，林肯一直在努力，他从来没有认为自己是个倒霉蛋，认为未来没有什么希望可言，他的梦想支撑起了他原本似乎注定灰暗的一生。

而与林肯有着同样际遇的人更是数不胜数，这一切说明了什么？说明人生是个万花筒，开什么样的花，取决于花卉的结构，成就什么样的人生，则完全取决于你的梦想。因此，我们或许成为不了一个敢拼善斗的人，但至少我们要成为一个有着伟大理想的人。因为理想会给我们力量，给我们方向。

人永远都不知道努力后的自己有多强大，更不知道为了梦想要吃多少苦。在梦想实现的路上，我们会遇到各样的诱惑、各式的挫折。一定要记住，除非死亡，一定不要让其他的因素成为阻碍梦想实现的绊脚石，一定要让绊脚石变成垫脚石。

逃离舒适区，危机感才是成功的动力

“青蛙效应”一开始出自于 19 世纪末美国康奈尔大学进行的一次实验。在实验刚刚开始的时候，科学家们将一只青蛙放在沸腾的大锅里，刚一接触到沸腾的水，青蛙立刻敏锐地跳了出去。后来科学家们换了一种方式，他们又把青蛙放在一个盛满了凉水的大锅里，青蛙这次没有任何反抗，而是惬意地游动着。紧接着，他们用小火将锅中的水慢慢加热，虽然青蛙能够感觉到水温正在升高，但是，遗憾的是，青蛙由于自身的惰性而没有往外跳。水温逐渐升高，青蛙忍受不住想往外跳，但是为时已晚。科学家们经过这次实验分析之后，得出了一个结论，这只青蛙第一次能够死里逃生，是因为它最初就受到了沸水的剧烈刺激，出于生存的需要，于是奋力而出，第二次由于没有明显感觉到刺激，在这种条件之下，这只青蛙便没有了危机意识。然而当它觉得水温不再适合自己，想要往外跳的时候，却已经无能为力。

两只青蛙不同的命运告诉我们：舒适的环境容易使人忘乎所以、丧失斗志；任何个人乃至组织都应学会居安思危，加强危机意识。否则，即便是有应激反应能力，也于事无补。

百事可乐是一家有着强烈危机意识的企业。百事可乐可以说是可口可乐最大的竞争对手，它在国际上有着和可口可乐相媲美的知名度，有着巨大的营业额，而且有着相当可观的利润，但是，该公司负责人韦瑟鲁普担心在未来的几年，汽水等饮料会变得越来越不景气，竞争也会日趋激烈。那么，怎样才能够激发公司员工的积极性，培养他们的危机意识呢？为此，韦瑟鲁普制造了一场危机。

韦瑟鲁普召集销售部经理重新设计了一套工作方法，规定了新的工作任务，他要求，公司年收入增长率必须达到15%，否则企业就会在市场竞争中失败，百事可乐从此就会退出市场，不复存在。于是，百事可乐公司上下开始集思广益，商讨对策，员工们也更加卖力地工作。不久，百事可乐公司实行的危机意识初见成效，他们充分利用了各类资产，使公司的现有设备得到了最大限度地利用，公司的管理节奏也快了起来，公司的经济效益不断地获得提高，事业也如日中天。

“未雨绸缪”是中国的一句古话，知道的人很多，但是真正将其付诸行动的人却寥寥无几。在舒适环境中生存的人，往往只有在迫不得已时才会想到改变自己。然而，当真正的危机到来时再采取动作已经为时已晚。

现在，人们的生活好了，不为衣食奔波了，很多人便也跟着没有了危机意识，然而，我们要明确的是，危机时时存在，我们稍不留神就有可能会受到侵扰甚至伤害。

舍我其谁，坚信自己就是王者

只要相信你就能，只要坚信你就做，只要肯做你就行。

早在春秋时期，伟大的思想家孔子就有过精辟的论断："吾心信其可成，则无坚不摧。吾心信其不可成，则反掌折枝之易亦不能。"意思是说，一件事情，如果坚信能做到，那么就没有什么不可能的，如果没有信心，那么就算再简单的事也无法完成。后世对自信的论述，虽然说法各不相同，但大致没有超出这个说法的内涵。

这个道理，如果放到激发潜能的心理论述中，大致就是说：你现在是什么人其实并不重要，重要的是你认为自己是什么人。因为人能做到的，通常比自己认为的要好得多。正如爱迪生所说："如果我们能做出所有我们能做的事情，我们毫无疑问会使自己大吃一惊。"

人如果能对自己抱有肯定的想法，并且产生有效的行动，那么，如果你坚信自己是什么人，你很可能就将成为那样的人。这，就是潜能的魅力。

在美国有个脍炙人口的故事，是关于一家大公司的董事长亨利的发迹史。

亨利从小在福利院里长大，他身世不明，身材矮小，长相普通，而且讲话时有浓厚的法国乡下口音。由于自卑，他一直到三十岁都碌碌无为，直到有一天，一个偶然改变了他的人生。

这天上午，他的同事詹姆士看到报纸上有一则关于拿破仑后裔的文章。文中指出，拿破仑曾经丢失了一个孙子。詹姆士发现，那个丢失的孙子的相貌特征，居然跟亨利非常相似。

詹姆士善意地告诉了亨利这件事。亨利开始只是非常吃惊，然后，他开始反思。

当联想到拿破仑的英雄事迹，想到自己是一位法国皇族的后裔，亨利热血沸腾。他不再为自己矮小的身材感到自卑，先祖的光荣经历也让亨利相信自己绝不会是个碌碌无为的人。

于是，亨利开始像要求一个皇族后裔一样地要求自己。他大量学习各方面的知识和礼仪，在工作上更是精益求精。很快，人们发现亨利就像变了一个人，甚至在讲话时，他的法国口音中也不自觉地带出了几分高贵和威严。人们渐渐相信，他真是拿破仑的孙子。

亨利的自信为他带来了更多的朋友，当然也带来了良好的机会。多年后，亨利凭借自己的努力，有了属于自己的企业，也成了上流社会的一分子。他终于实现了自己的梦想。此时，亨利已经查证出自己并非拿破仑的孙子，但这已经不重要了，他的成就已经不亚于任何一位真正的皇室后裔。

亨利能从一个小职员成长为一位出色的企业家，正是因为他相信了自己高贵的身世，并且激发了内心强大的潜力。后来，在心理学上，就把这种由于自信而引发的积极心理的现象，称之为“亨利效应”。

生活中这样的例子并不少见。在心理学上有这样一条规律——形态能够表现思想。只要你有意识地循着某一方向前进，你的潜能将发出信念，而这种信念就是你获得成功的前奏。有了它，你将相信自己已经为成功做好了所有准备；有了它，你将放射出集中意念的力量。同时，自信也能使你排除无关的杂念，集中思想，有的放矢，事半功倍。

自信，最简单的解释就是自我接纳，比如亨利，在得知身世之前和之后，这个人的天赋其实并没有改变，但是他对自己的定位发生了改变，所以，他的人生之路也随之改变。

反之，一个人如果总是觉得自己不如别人，那么在处事和待人接物时，难免就会唯唯诺诺，显得笨拙和胆怯。这样不仅得不到身边人的尊重，长此以往，也会影响自己的行为能力。要知道，低估自己的能力，才是成功的大敌。

所以，人对自我的态度，既可能成为摧毁自己的武器，也能作为打开新世界的利器。只有自己相信自己，保持乐观向上的心态，对前途充满信心，才能发现我们每个人身上还未开发的潜力。

是的，世上没有那么多皇族，但是每个人身上都有不亚于皇族的潜力。所以，坚信自己的能力，用一种“舍我其谁”的气概去面对世界，你也许很快就会发现，原来，成为王者并不是那么遥远。

破纪录修炼

你的成功来自哪儿

应该说，人们所说的成功，更多意义是社会标准上的。比如名利双收、社会地位的得到等。每个人的追求不同，对成功的理解也不同。有一百个人，就有一百个成功的诠释。成功也没有一个统一的标准和定义。如果把功成名就、名利双收作为成功的象征，得不到势必会有很多烦恼和痛苦，而且，这种成功也毕竟为少数人所有。对于大多数人而言，这种成功是可望而不可即的，可遇而不可求的。与其得不到痛苦，就不如看开些，不必勉强自己，追求根本来说不属于自己的东西。积极向上，但不苛求自己，只要尽心尽力，自然人生无悔，只要心安理得，同样活得充实快乐，自有一种收获。实际上，不仅人们对成功的理解不同，就是自己，在不同的人生阶段，对成功的理解和追求也会有所不同。你会越来越觉得，真正的成功应该也是一种自我的感受，即按照自己的意愿生活了，并活出了自己，而不一定是什么名利。你有必要了解自己内心对成功的理解，然后才可能得到自己想要的成功。那么，测一下吧。

测试说明：在以下问题中，选择出你的态度，大致可分为 4 种不同态度，即非常同意，有些同意，有些不同意，不同意。每个括号内有4个分值，对应以上4种态度的分数。请逐一回答后计算出你的总分数。

1. 对我而言，钱并不是最重要的，快乐的人生要重要得多。(0　1　2　3)

2. 假如我知道这件工作必须完成，那么我即便有很大的压力和困难，也不会使我感到困扰。(3　2　1　0)

3. 有时，英雄确实是以成功与否来论的。(2　3　1　0)

4. 我对自己所犯下的过失总是陷入自责中。(1　3　2　0)

5. 我很重视自己的名誉。(3　2　1　0)

6. 我有很强的适应能力，可以预知自己什么时候有可能会改变自己的环境，并会为这种改变做好准备。(3　2　1　0)

7. 我一旦下了某种决心去做一件事，就肯定会坚持到底。(3　2　1　0)

8. 我非常喜欢别人把自己当作一个身负重任的人。(3　2　1　0)

9. 我喜欢高消费，并且有能力享用。(3　2　1　0)

10. 如果你知道正在做的这个项目会有正面和积极的成果，你更会去全力以赴。(3　2　1　0)

11. 作为团体成员，你会把团体的事情看得比个人成功更重要。(3　2　1　0)

测试解析：

0~15分，你所想的成功并不是指事业的成就，你的理想主要体现在精神方面，如圆满的家庭生活和精神生活，而并不是权力和金钱的获得。

16~30分，你对职场上的升迁之类也并没有太大的野心，可能你压根就不想去争取高位，至少目前如此。

31~45分，你对权力和金钱有一种很强烈的向往，而且你也有往上发展的能力，因此，要爬上任何高位，对你来说都非常容易。

第五章

心灵破纪录：挣脱欲望枷锁，不做贪婪的奴隶

理想总是非常美好的，可是现实却往往很残酷。追求理想，在实现理想的道路上，我们会遇到各种各样的欲望陷阱。不被欲望所吞噬，能够在欲望中不断反省、不断自清，就可以离开欲望的沟壑，找到幸福的真谛。我们也只有让欲望变得单纯，才能够不落入欲望的陷阱。只要淡泊名利、清静无为，我们就能够挣脱欲望的枷锁，放飞心灵的自由。

战胜贪婪，破除心魔

王阳明曾经说过："破山中贼易，破心中贼难。"贪婪就好像是心中的魔鬼，破除心魔这才是成功的前提。人，必须战胜贪婪，因为人生当中最难战胜的就是自己，能够自胜，才可能无往不胜。

人一生当中，最大的灾祸是不知足，而最大的错误就是贪婪。

英国的埃米尔·左拉曾经说过："贪婪是奔向悬崖的失控野马，会把你人生的马车带入深渊；贪婪是欲望为自己挖掘的坟墓，将会埋葬你美好的前程。"的确如此，贪婪诠释了"人心不足蛇吞象"的人性弱点，尤其是女性，严重的虚荣心导致了她们过分的贪婪。其实，我们所拥有的并不少，只是我们的欲望太多，所以才导致了我们严重的心理贫穷。如果不懂得知足，就算给我们全世界，恐怕我们也不会幸福！

看见别人的一部名牌小轿车，我们会心想：为什么我们不能拥有？看见别人一所豪华别墅，或许我们想要拥有的欲望会一阵强过一阵……可面对欲望，人往往会变得开始贪婪，而一旦掉进贪婪的陷阱，就如同坠入万丈深渊，万劫不复，而且，贪婪到极致，贪婪就等于虚无。

有这么一个国王，年复一年，漂亮的王妃们为他生了一大堆可爱的王子，可是却没有一个公主，为此喜欢女儿的国王总是郁郁寡欢。

后来，他最宠爱的一个贵妃为他生下了一位漂亮的公主。国王整天乐得合不拢嘴，对小公主更是疼爱有加，视如掌上明珠。真是捧在掌心怕摔了，含在嘴里怕化了，舍不得训斥一句。凡是公主想要什么东西，国王一定是竭尽全力满足她的要求。就是在夏天，公主想要雪人，国王恨不得给她堆上一百个，为的是看见公主灿烂的笑脸。

公主在国王的精心关爱下，转眼间就长成了豆蔻年华的少女，而且越发地会打扮自己。在国王看来，本来就十分漂亮的公主就如同是仙女下凡。国王舍不得让公主受一丁点委屈。春雨初霁的一个早晨，公主带着几个婢女游玩在宫中的花园里。只见树上的花朵经过雨水的滋润，越发地娇艳夺人，多情的鸟儿在树上唱着清脆悦耳的歌声，蓊郁的树木，翠绿得让眼睛舒服到了极致。突然，公主被荷花池里的奇观吸引住了，原来荷花池里正冒出一颗颗状如珍珠的水泡，晶莹剔透，闪耀夺目。公主看得出神入化，甚至突发奇想："如果把这些漂亮的水泡编织成花环，那一定是世界上最最美丽的。"想到这里，公主就觉得自己已经戴上那耀眼的花环了，而且她是全世界最美丽的女人。

她下定了决心，下令让婢女把水泡捞上来，但是事与愿违，那些婢女刚碰到晶莹如珍珠的水泡，水泡霎时就破了。整整半天，宫女们没有捞上来一颗水泡，把公主气得浑身打战。无奈之下，她想起了自己无所不能的父亲。于是，急匆匆地拉着父王来到了荷花池边，对着一池闪闪发光的水泡撒娇说：

"父王，您一向可是最疼我的哦，您答应过我的，不管我要什么东西，您都会竭尽全力给我办到的啊！现在我想要一串水泡编成的花环，这样戴在头上，我一定是你最最漂亮的女儿！"

"我的傻女儿，水泡只是一些虚幻的东西，根本是做不成花环的。我派人另外给你找一些世上最珍贵、最奇特的珍珠水晶，水晶编成的花环一定是世界上最美丽的花环！"国王疼爱地看着自己的女儿说，但语气中，却没有丝毫的责备。

"不嘛！我就要水泡花环，如果您不想给我，那我就觉得您说话不算话，根本不配做一个好的父亲，我也就不想活了。"公主哭着闹着，国王是看在眼里，急在心上，无奈之下就把所有的大臣召集到宫殿里来说："我的爱卿们，我现在有一件事想要拜托各位，我知道你们都号称是世界上的奇工巧匠，所以我想你们一定也有办法满足公主的愿望，如果你们谁有办法用水泡编织成花环送给公主，我会重重有赏。”

大臣们面面相觑，他们根本没有想到，国王也会和公主一样愚昧无知。

一位大臣唯唯诺诺地说：“报告陛下，水泡一碰即破，怎么能够拿来制作花环呢？”

“哼，亏你们说得出口，你们难道忘记了平时我是如何对待你们的，可是今天你们连我女儿一个小小的愿望都满足不了，还配做我的大臣吗？”国王大发雷霆。

“陛下请息怒，我有办法替公主用水泡编成花环，可是您知道我两眼昏花，实在是分不清荷花池里的水珠哪些看起来比较均匀，比较适合做花环？所以我能否请公主亲自挑选，然后交给我来编织。”一位跟随国王出生入死，并且人生经验非常丰富的大臣告诉国王说。

公主听了，兴高采烈地拿起瓢子，弯下腰身，认真地挑选自己中意的水泡。本来光灿灿的水泡，经公主轻轻地一碰，就变为泡影。结果公主费的气力不小，却没有捞到一颗水泡。

我们都知道，公主的水泡花环根本就不可能编织得出来。可以想象最后的公主将会是何等的失望，一向衣食无忧、呼风唤雨的她也有得不到的东西，其实从深层次来说，公主贪婪的是一些虚无的东西，一旦贪婪到了极致，什么都将是虚无。公主正是被贪婪蒙蔽了眼睛，才闹出了这么一个荒唐大笑话。

现代生活中的我们，有很多人都有着公主一样的贪婪。过分地追逐，只能让自己陷入痛苦的深渊。然而，有很多女人面对金钱总是爱不释手，严重的虚荣心使她们不能够心如止水，贪婪到了极致，结果到了最后是一无所有。因为贪婪到了极致就是虚无，就是水泡。如此的贪婪，又怎么能够带来幸福呢？

拥有再多也觉得不满足

随着经济的发展，人们的物质需求得到了极大的丰富和满足，只要你能想到的东西，市场都会为你提供出来。和那些曾经物质极其匮乏的年代相比，现代人的物质生活实在是幸福到了极致。然而，人们的内心似乎并不感到满足，还是在不断地追求，即使已经拥有很多，却还想拥有更多。

从心理学的角度来说，拥有是人们想占有更多东西的一种心理状态。生活中，有些人总是不停地买东西，经常担心东西不够用，总觉得一旦发生什么特殊状况，现有的物质、资源难以应对，因此他们就渴望拥有的更多，以增加安全感。如果这些东西不属于自己，他们就会莫名地感到惶恐，只有买回来才会踏实，即使这些东西自己并不需要，也没有太大的用处。

日常生活中，当人们闲暇的时候，总会看看家里缺什么，然后赶紧去买；上街的时候，也总是不停地买一些东西回来，即使家里并不缺，即使这些东西根本没有什么实用价值。

2011年3月15日，因为日本核电站泄漏事故，有谣言称日本核辐射会污染海水导致以后生产的盐都无法食用，而且吃含碘的食用盐可防核辐射，一时间引起一些市民疯狂抢购食盐，一些不法经销商乘机哄抬价格，牟取暴利。尽管政府出面辟谣，人们还是整箱整箱地购买回家。武汉的市民郭先生居然花了近2.7万元在3家商铺买了260袋、总计6500千克的食盐囤积在家里。诸如此类的抢菜、抢药、抢水风波时有发生。事实证明人们总是轻易因为恐慌而疯狂占有。

而且，如今很多人还会花费时间上网收集各种信息，总是怕错过一些自己不曾留意的有用的信息。有的时候，人们会拼命地交朋友，想拥有更多的友谊，甚至还会不断地谈恋爱，想要拥有更多的爱情。结果，家里面搜罗了各种用具，经常使用的没有几件；衣柜里堆满了衣服，却有百分之九十从来没有穿过；梳妆台上堆积了各种化妆品和首饰，还没使用就过期或者只能当摆设的不计其数；朋友和恋人过多，友谊和爱情却有减无增……其实，我们的生活已经够好了，但很多人还是不能满足，总想着拥有更多。这是现代人十分普遍的一种心理状态。

人们想拥有更多的东西是缺乏安全感的一种表现。快速发展的社会，紧张的节奏，都使现代人处于一种不安之中。为了获得更多的安全，会拼命地想拥有，似乎占有的越多，安全感就越多。其实，这种心理在远古时期就有。在远古时期，由于生产力低下，人们总处于饥饿的状态，为了不让自己挨饿，就要拼命地占有更多的东西，因此，获取物品的观念深深地扎根在人们的心里，成为人的一种本能欲望。尽管现代社会是一个物质丰富的社会，但是，人们依旧不能建立足够的安全感，在内心深处还是对物质的匮乏充满了恐慌。所以，人就会不断地买东西，占有更多的东西，信奉只有拥有才是最安全的，也只有这样才能驱走我们对现实的忧虑。

生活越简单，你离幸福就越近

有的人把潇洒理解成是新潮，谈吐风雅，举止干练，神采飘逸。可是实际上，这也只是浅层次上的认识。真正的潇洒，应该是指那种顺境不放纵、逆境不颓唐的超然豁达的精神境界。

我们每个人的生命过程就好像是一次旅行，如果把每一个阶段的“成败得失”全部都扛在肩上的话，那么今后的路还怎么走呢?

所以，在适当的时候，为你的“旧包袱”举行一场葬礼吧，适时地将它埋葬，与过去的不愉快说再见，让我们与往事干杯，重新开始，用乐观的思想代替悲观，以镇定来代替不安，用愉快去代替烦恼。这样，你就能够在以后的人生旅程中轻装上阵，你的生活也会更加轻松而有质量。

刘心武曾经说过，在五光十色的现代世界中，让我们记住一个古老的真理：活得简单才能活得自由。

简单并不是碌碌无为，也不是随波逐流，更不是与世无争，或是游戏人生。简单其实就是一种平凡，但却不是平庸；简单也是一种平淡，但却不是单调。

简单是一份温馨，简单是一种幸福。我们不求大喜，也不愿大悲。

简单是一种智慧，更是一种在经历了复杂之后更上一层楼的彻悟，是一种心灵的净化；简单其实就源自我们对现实清醒的认识，源自我们灵魂深处的表白。

简单就是一种美，是一种朴实，而且是散发着灵魂香味的美。在喧嚣的世俗当中，增加了一份宁静，不做作，不虚饰，洒脱适意，襟怀豁达。简单不仅仅可以给予你一双潇洒和洞穿世事的眼睛，而且还会让你拥有一个坦然充实的人生。

简单是“得而不喜，失而不忧”，是心胸宽阔、与人为善，是洒脱，是从容，是追求人生的真正价值。

在简单的人生当中，太阳每天都是新的，对于简单的人生我们没有必要去刻意地追求，自然的其实就是最美的。简单人生是潇洒，是恬淡，是洒脱，是坦荡……

曾经有一位哲人说过，天底下只有三件事：

第一件是“自己的事”，比如：上不上班，吃什么东西，开不开心，结不结婚，要不要帮助人……这些都是自己可以安排的事情。

第二件是“别人的事”，例如：别人好吃懒做，别人婚姻不幸福，别人对我很不满意，我帮助了别人，别人为此而感激不尽……

第三件是“老天爷的事”，例如：刮风下雨，地震……这些其实都是我们能力范围以外的事情，完全属于大自然的管辖范围。

而我们人的烦恼就是来自于：忘了自己的事情，却喜欢去管别人的事，甚至有的时候还会去担心大自然的事……

人想要活得轻松自然其实是非常简单和容易的：打理好“自己的事”，不去管“别人的事”，不操心“老天爷的事”。

不攀不比，活在自己的角色里

曾经有这样一首打油诗：

世人纷纷说不齐，
他骑骏马我骑驴。
回头看到推车汉，
比上不足下有余。

我们每个人往往就是这样，很多烦恼都是由于攀比而产生的，拿自己的缺点去比别人的优点，自然就会觉得自己什么都比不上别人，让自己陷入自卑和烦恼当中。

健康的人由于很少关心自己的身体，也就很少觉得幸福，而疾病的患者却会深深体会到健康的重要性；爱攀比的人总是会下意识地忽略握在手中的幸福，而对于那些遥不可及的虚幻则是向往不已。

培根曾经说过："一切恶行都围绕着虚荣心而行，都不过是满足虚荣心的手段。"攀比在很大程度上就是虚荣引起的。俗话说："人活一张脸，树活一层皮。"很多人为了"面子"相互地攀比，打肿脸充胖子，不切实际地盲目攀比，之后在无谓的攀比当中迷失了自己。

有这样一则寓言：

一头牛在草地上吃草，一不小心踩死了几只小青蛙。

一只侥幸从牛蹄下逃生的小青蛙找到了青蛙妈妈，告诉它，那些青蛙被一个庞然大物踩死了。

"它很大？有这么大吗？"青蛙妈妈把身体鼓起来比画着问道。

小青蛙回答说："噢，亲爱的妈妈，那只大野兽要比这个大很多。"

青蛙妈妈深深吸气，把身体鼓得更大些，问道："它有这么大吗?”

“噢，亲爱的妈妈，它还要大得多，即使你胀破了自己，也不会有它一半大。”小青蛙说。

可是，没有想到青蛙妈妈就是不服气，把身体鼓了又鼓，大得像个圆球似的，“它有这么大……”这一次，青蛙妈妈的话还没有说完，便真的胀破了身体。

青蛙和牛本身就是两种个体差别很大的动物，牛的个子再小也要大过拼命将自己吹胀的青蛙。其实这个寓言就在告诉我们，认不清自己的位置，胡乱攀比，只能是自取灭亡。

人不了解自己就更容易陷入彻底的盲目当中。牛顿说他看得远，是因为他站在巨人的肩膀上。这句话既是自谦，也是自知。

人各有其长，各有其短，我们每个人都有自己优秀的一面，也难免有比不上别人的地方。正所谓“梅须逊雪三分白，雪却输梅一段香”。在自然界当中，常青树通常无花，艳丽的花常常无果。

其实，在人生当中是没有永远的赢家的，不要让攀比搅乱自己心理的平衡。有人说：“与他人比是懦夫的行为，与自己比才是真正的英雄。”可见，当我们把眼光放在自己身上，生活也就会多了一份快乐与满足。

每个人都有属于自己的位置和角色，盲目地同别人攀比，只会让人失去自我和特色，到头来只能够给自己徒增烦恼。

“人贵有自知之明。”其实就是说对待自我要有一个正确全面的认识，知道自己的优点和缺点，在待人处事的时候做到扬长避短，使自我的优势得到最大的发挥，这样也就能够慢慢形成一种良好的心态，凡事量力而行，不强迫自己。

不要让名利把自己束缚住

在现实生活当中的人们，能够心甘情愿放弃名利的人并不多，甚至有很多人把名利看得要比自己的生命还重要。一旦自己的身份或者是地位达不到自己心目中的理想状态，就会陷入一种极度苦闷的状态当中，无穷无尽的名利心让他们变得异常疯狂。

我们想想，有一个清静与悠然的生活状态难道不好吗？这样的日子难道不是显得更有诗意吗？我们的人生毕竟是非常短暂的，在我们的生活当中承载不了太多的物欲和虚荣。在这个世界当中，坚信“人为财死，鸟为食亡”的人有很多，也有很多人为了名利而变得疯狂。

在唐朝的时候，有一个叫宋之问的诗人，他非常有才华，名气也很大，他有一个外甥叫刘希夷，也是一个年轻有为的诗人。

有一天，刘希夷刚刚写了一首诗，叫作《代白头吟》，于是就到舅舅家里去请教。宋之问看到“古人无复洛阳东，今人还对落花风。年年岁岁花相似，岁岁年年人不同”这几句诗的时候不禁拍手叫绝。于是宋之问赶紧问外甥：

“这首诗别人有没有看过？”外甥说：“还没有来得及让别人看。”宋之问听完之后心中大喜，对外甥说：“诗中的‘年年岁岁花相似，岁岁年年人不同’这两句太好了，不如让给舅舅吧。”可是外甥刘希夷却说：“这两句诗是我这首诗的诗眼，如果让给您了，那么这首诗读起来就没有什么意思了。”

等到了晚上，宋之问还是对这两句诗念念不忘，为此他躺在床上怎么也睡不着觉，翻来覆去。他在心里盘算着，只要这首诗一面世，那么这两句必定成为千古名句，写这首诗的外甥也就会立刻名扬天下，我一定要想办法把这首诗占为己有。于是一个罪恶的想法在宋之问头脑当中慢慢酝酿着，最后宋之问竟让他手下的人把刘希夷给害死了。

但是，最后宋之问这件事情还是没能瞒天过海，他被朝廷定罪，流放到了钦州。当皇帝知道他的事情之后，又把他赐死，好让他对天底下的读书人有一个交代。

宋之问本来也是一个非常有名的诗人，可是他竟然为了自己的那点虚荣心把外甥给害死了，自己最后也落得个身败名裂的下场。

其实我们每个人的生活本来就是很平淡的，平平淡淡地做自己的事情，平平淡淡地对待一切，我们试想，哪一个成功的人士在刚开始的时候不是平淡地度过自己的生活。他们最后的成功也仅仅是平淡生活所取得的成果而已，他们的成功就是来自这平淡的生活。

美国好莱坞的影星利奥·罗斯顿是好莱坞历史上最胖的一位演员。有一次，他在英国演出的时候，因为心力衰竭而被送进了汤普森急救中心。医生们想尽了各种各样的办法，但是最后令人遗憾的是，利奥·罗斯顿的心脏还是停止了跳动。

但是，在临终之前，利奥·罗斯顿说了一句话让人很感动，他说："你的身躯很庞大，但你的生命需要的仅仅是一颗心脏。"当时站在病床边上的哈登院长深深地被这一句话感动了，并且让人们把这句话写在了医院的大楼上。

到了后来，美国石油大亨默尔由于工作繁忙，也是因为心力衰竭住进了这个急救中心。当时由于他放不下公司的很多事情，于是把汤普森医院的一栋楼包了下来，并且还增设了能与外界随时联系的电话和传真机。

经过医生们的共同努力，终于保住了默尔的生命。但是在他出院以后，默尔没有再回到美国，也没有继续管理他的石油帝国，而是卖掉了他的公司，在英国苏格兰的一个乡下小镇盖了一栋别墅，过起了农家生活。

当时有很多人都很疑惑，默尔为什么要这么做呢？其实原因很简单，当默尔刚刚走进汤普森医院的时候，深深地被医院大楼上那句"你的身躯很庞大，但你的生命需要的仅仅是一颗心脏"打动了。后来，在默尔的自传中，他这样写道："富裕和肥胖没有区别，它们只不过是超过自己所需要的东西罢了。"

默尔的选择显然是非常明智的，他的明智在于能够及时地领悟到了人生的真谛，人生应该过得快乐和轻松一些，不要让名利把自己束缚住，毕竟我们的一生能够承载多少负荷呢？

克制欲望，不受名利诱惑折磨

在现实生活中，我们想得最多的是如何克服眼前的艰难困苦，渡过难关，从而享受幸福、美满的生活。可是却很少想到如何在一帆风顺时，在功名利禄面前经受住它们的诱惑，做一个戒骄戒躁、清正廉洁的人。

孟子说："富贵不能淫，贫贱不能移，威武不能屈。"这告诉人们，不要被欲望迷惑了双眼，如果过于追求名利，就会羁绊于名缰利锁中不能自拔。要把心态放正，努力把工作做好，踏踏实实生活，尽力克制自己的欲望，培养清心寡欲、知足常乐的生活态度。

李友灿是河北省外贸厅的原副厅长。年轻的时候他参过军还上过战场，转业后到外贸厅工作，工作很努力，从副处级升到了副厅级。随着职务的提升，他的权力也越来越大，但是他没有想着为国家、为人民做更多的事，却在一些不法分子的引诱下，没能经受住金钱的诱惑，开始用自己手中的权力换取金钱。在短短的三年时间里，他倒卖了一千多个汽车进出口配额，贪污受贿高达四千多万元。为此，他在北京专门买了一套二手房，每次都亲自把受贿得来的钱开车运到北京，堆放在这个房子里。

而在日常生活中，他怕被人发觉，不敢吃好的，不敢穿好的，不吸烟也不喝酒。每次把这些钱运到那间屋子都很困难，因为车开不到房子的门口，他就得从很远的地方，将装满现钞的40多公斤重的编织袋，一直提到房子里，就这样他把四千多万元的钞票堆到了那个房子里。他不曾享受席梦思床的舒适，也不曾吃什么山珍海味，只是盘腿坐在摆满钱的房子里，一遍又一遍地念叨："我终于有钱了！"

李有灿有一个姐姐，是姐姐把他从小带大的。尽管姐姐过着很清贫的生活，但他每次去看望姐姐的时候，连一分钱的东西都没买过。后来他流着眼泪说："我没有良心，我对不起我的姐姐。"平时他也从不借给任何人钱，就是怕露富。多么可悲的人啊，为了钱而忘了一切。

"天下熙熙，皆为利来；天下攘攘，皆为利往。"凡是把名利看得很重的人，必将被名缰利锁所困扰。名利尚未得到时，他会殚精竭虑、惨淡经营；待名利到手后，还要机关算尽、如履薄冰，唯恐一个闪失而名利尽失。结果使自己身心憔悴，疲惫不堪。其实，只要想想盛名乃瓦上之霜，利禄如花尖之露，人生无千年之寿，花无百日之红的道理，那些无聊的烦恼也许会顷刻烟消云散。

居里夫人第一次获得诺贝尔奖之后，毅然将原来的100多个荣誉称号都辞掉，一心一意搞自己的研究，终于又获得了诺贝尔奖。有一天，一位朋友来她家做客，看见她的小女儿正在玩英国皇家学会刚刚颁发给她的一枚金质奖章，吃惊地道：

"居里夫人，现在能得到一枚英国皇家学会的奖章是何等的荣誉，你怎么能给孩子玩呢？"居里夫人笑了笑说："我是想让孩子从小就知道，荣誉就像玩具，只能玩玩而已，绝不能永远守着它，否则就将一事无成。"

居里夫人对待荣誉的态度，就是把名利看淡、看薄，把心思都用到了工作上。

破纪录修炼

测测你的欲望

测试1：虚荣心测试

每个人都会有虚荣心，只是多少的程度不一样罢了。做个小测试，自测一下，看看你的虚荣心指数是多少。

1. 上公车时掉了十元在车外，你会下车去捡回来吗？

是——转到第 5 题

否——转到第 2 题

2. 在外面吃饭，常常剩下很多？

是——转到第 3 题

否——转到第 7 题

3. 买礼物送人时，通常不挑实用的，而是挑好看的。

是——转到第 4 题

否——转到第 7 题

4. 不管是衣服还是小东西，你都爱挑名牌的买。

是——转到第 8 题

否——转到第 11 题

5. 笑的时候喜欢张大嘴。

是——转到第 6 题

否——转到第 7 题

6. 朋友如果没有事先告知突然来访，你会很生气。

是——转到第 7 题

否——转到第 9 题

7. 买不起的东西，就算分期付款也要买。

是——转到第 4 题

否——转到第 8 题

8. 多次因受不了店员推销而买下商品，回到家却后悔。

是——转到第 11 题

否——转到第 9 题

9. 爱算命，但是不喜欢在算命的地方被朋友看到。

是——转到第 11 题

否——转到第 13 题

10. 身上只带了3000元，有朋友向你借5000元时，你会说忘记带钱包出来，而不是坦白说钱不够。

是——转到第15题

否——转到第13题

11. 参加宴会时，发现别人穿得都比你时髦，你会很早就离开。

是——转到第15题

否——转到第10题

12. 对于第一次见面的人，你会很好奇地问对方的学历和职位。

是——转到第16题

否——转到第15题

13. 很少出国旅行，一旦出国，就一定要住一流的旅馆。

是——B型

否——A型

14. 你非常向往金童玉女、舒适又多金的婚姻。

是——C型

否——B型

15. 你很在意别人的眼光和评语。

是——转到第16题

否——转到第14题

16. 买东西的时候，即使是价格很低的，你都会用大钞请人找钱给你。

是——D型

否——C型

答案分析：

A型：虚荣心强度10%

不管周围现在流行什么，你都不太在意。你甚至会觉得那些人一天到晚比来比去是一件很无聊的事情，你认为自己的心情最重要，没有必要去管别人怎么想。你对于自己相当有自信，但要小心，不要太过冷漠，让爱你的人着急。

B 型：虚荣心强度 40%

你是一个虚荣心不怎么强的人。虽然偶尔也会买一些昂贵的东西，但都是在你的经济许可范围里面，你认为有必要才买。不过，有时候你会为了不扫对方的兴，而去迎合别人，做一些令自己不开心的事情。你最好找一些和自己趣味相投的人做朋友，这样你才不会觉得郁闷。

C 型：虚荣心强度 70%

你除了虚荣心强，自尊心也很强，你是一个不愿意认输的人。你非常在意周围的人怎么看你，别人又如何如何，总是装着一副很幸福快乐的样子。老爱跟别人比，你不觉得累吗？你被自己好强的心理牵着走，形成了现在的偏差个性。放松一点吧，朋友。

D 型：虚荣心强度 90%

你一副爱慕虚荣的嘴脸，谈吐行为无一不清楚地展现出虚荣的气息。也许你自己并不觉得，但你常常为了夸耀自己，不惜说出一大堆的谎言来欺骗别人。小心，谎言总有一天是会被揭穿的！到时候你就惨了，再也没有人会相信你。

虚荣是一种不良的性格，是一种被扭曲夸大的自尊心。虚荣的人喜欢别人的赞美；虚荣的人对人表面热情，内心冷淡；虚荣的人喜欢出风头，一旦取得丁点成绩就想贪天之功为己有；虚荣的人与别人攀比，爱摆阔气。虚荣的人自尊心过强，迫切希望得到荣誉，特别关心别人对自己的评价；同时，虚荣的人自卑感也更重，他们对于自己缺乏信心，感觉自己没有真才实学，但又希望自尊心得到满足，于是自欺欺人地务虚不务实，满足于虚假的荣誉。

测试 2：抗击诱惑的能力

人的一生，在追寻信念的道路上，困难很多，诱惑也有很多。各种各样的压力或者诱惑让你动摇甚至放弃自己从一开始所追求的东西，从而踏上另外一条道路。有人坚守住了，取得了真经；有人中途而废，另觅他途。下面就检测一下自己抗击诱惑的能力。

如果你在禁烟餐厅吃饭，发现隔壁有人抽烟，你会用什么方法叫他不要抽烟？

（1）忍住不讲，自己吃闷亏

（2）狠狠瞪他，然后叫服务员转告

（3）泼水去把烟浇熄

（4）故意假装咳嗽柔性暗示劝说

（5）直截了当告诉他

选“忍住不讲，自己吃闷亏”——你最无法抵抗“充满挑逗和肢体性暗示”：这类型的人其实内心是很矛盾的，事情明着讲都不愿意同意，可是如果有人一直纠缠他挑逗，久而久之却就拒绝不了。

选“狠狠瞪他，然后叫服务员转告”——你最无法抵抗“具有优质外表的帅哥或美女”：这类型的人有自己的原则跟标准。

选“泼水把烟浇熄”——你最无法抵抗“金钱攻势”：这类型的人表面上是大男或大女人，可是内心深处其实是很脆弱的。

选“故意假装咳嗽柔性暗示劝说”——你最无法抵抗“用甜言蜜语打动你的多情种”：这类型的人需要大量的爱跟被爱，他会因为谈恋爱的感觉而陷入感情的旋涡。

选“直截了当告诉他”——你最无法抵抗“越不理你，你越渴望得到的冰山情人”：这类型的人自尊心很强，不喜欢输的感觉。

信念坚定永远保持赤子之心，培养抵抗诱惑的能力，不求一大步，只求每天一小步。

第六章

情绪破纪录：相信，有阴影的地方就会有光

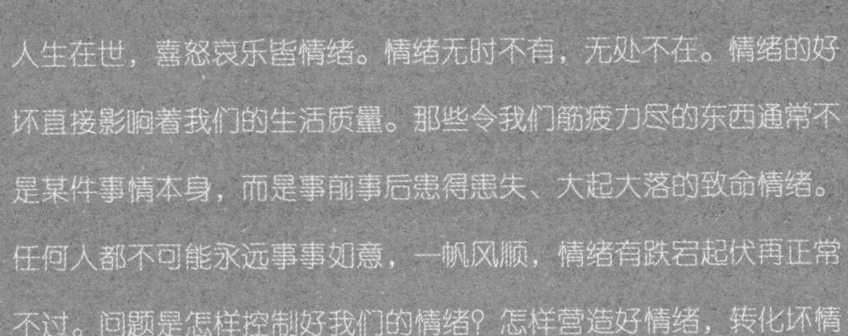

人生在世，喜怒哀乐皆情绪。情绪无时不有，无处不在。情绪的好坏直接影响着我们的生活质量。那些令我们筋疲力尽的东西通常不是某件事情本身，而是事前事后患得患失、大起大落的致命情绪。任何人都不可能永远事事如意，一帆风顺，情绪有跌宕起伏再正常不过。问题是怎样控制好我们的情绪？怎样营造好情绪，转化坏情绪？毕竟，我们需要做情绪的主人，而不是情绪的奴隶。

接受、表达情绪，与情绪做朋友

情绪管理的一个重要步骤是接受情绪。情绪本身不受意愿的控制，它更像我们身体内的一个自然现象，说来就来，说去就去。例如：小孩子生气了，我们不要说："不许哭，否则拐卖孩子的人来抓你了。"这样，孩子的情绪不但没有被接纳，反而增添了恐惧。"男孩子怎么可以哭呢?"听了这样的话，孩子心里会产生愧疚感。"不要哭，警察来了!"这会使孩子产生罪恶感。要知道，一个小孩的自信，往往是被我们这些不懂得如何来爱孩子的父母所摧毁的。正确的做法是，允许孩子说出自己的感受，并用语言描述孩子的感受，取得他的认同并使他产生信任。

大多数情况下，我们都习惯了压抑自己的情绪。当情绪和自我认知不一致时，我们会觉得痛苦不安，然后倾向于否定自己的情绪，这种做法无形地给我们自身增加了很多压力。

在我们的文化中，对情绪有很深的误解。认为产生情绪对一个人的成熟、修养有所损伤。所以，希望人们最好不要"有"情绪。其实，情绪是人类再自然不过的反应状态了。

所以，在我们识别了情绪的真相后，就要进一步学会接受情绪。所谓接受，就是不加指责地承认情感的真实性，不加指责地承认自己有产生和表达这种情感的权利。

虽然我们的某些情绪产生的原因是不当的，某些消极情绪是不值得肯定或赞同的，但我们首先应该接受它。因为只有接受情感，才能让他们把内心的情绪充分发泄出来，才能冲淡我们的消极情绪，减轻内心的焦虑和不安全感，最终有利于情绪重建和情感表达，形成积极的情感状态。

如果你已经能够接受自己的情绪，那么，问题就过渡到下一步——用合适的方式表达情绪。但是，有很多人都认为情绪表达是有失风度的一种不稳重的行为，他们希望自己很成熟，什么事情都能藏在自己心里。但这是一种不负责任的做法。不管是谁，都应该学会表达自己的情绪。这是因为：

第一，情绪没有表达出来，你无法对周围的人传递内心信息。信息被困在心中，就像戴着面具一样，而情绪最终是要表达出来的，到时你可能失去控制。

第二，情绪没有表达，就剥夺了自己获得所希望的结果和行为的机会。比如，你感到喜欢某人时，如果不表达出来，可能就会失去相互欣赏的机会。

第三，情绪的积累会产生身体上的压力，最后会以疾病的方式表现出来。

第四，不表达自己的情绪，别人就无法了解你。情绪是个性的一部分，你关闭了情绪表达的大门，同时也就关闭了与朋友、家人、同事心灵接近的机会。

所以，我们有充分的理由表达自己的情绪，我们更有义务教导孩子表达自己的情绪。

表达情绪不仅对于个人很重要，而且在一个企业中，也能达到很好的效果。

哈佛大学心理学系的梅约教授曾经组织过一个“谈话试验”。这个试验的具体做法就是：专家们找工人进行个别谈话，并且要求在谈话过程中，专家要耐心倾听并记录工人们对厂方的各种意见和不满。另外，对于工人的不满意见，专家不准反驳和训斥。这一实验研究需要经过两年的时间。在这段时间里，据有关资料统计，专家们谈话的工人总数可能达到两万多人。

结果他们发现：这两年以来，工厂的产量大幅度提高了。经过研究，他们给出了原因：在这家工厂，长期以来工人对它的各个方面有诸多不满，但无处发泄。“谈话试验”使他们的这些不满都发泄了出来，从而感到心情舒畅，工作积极性提高。

表达情绪没有正确和错误之分，问题的关键在于如何选择表达的具体方式。我们要知道，不管情绪多么强烈，伤害他人或自己的过激行为都是不合适。一个有消极情绪的人要寻找适合自己的情绪疏通方式，比如倾诉、弹琴等。很多父母让孩子用“写日记”的方式来整理情绪。事实证明这是一种很好地表达情绪的方式。

不要在负面情绪中迷失自我

有这样一句话，是形容爱情的，说两个人只要相爱哪怕吃的是粗茶淡饭，也胜过山珍海味，反之过来则是，没有爱哪怕吃的是山珍海味，住的是高楼大厦，也会觉得不开心、不幸福。这其实是一个有趣的现象，好多人应该经历过，只要是感觉好、心情好，哪怕住在很小的房子里，面对同样的一个人，你也会觉得你是生活在天堂，但当你感觉不好的时候你就会觉得是在地狱。

当深深体会过“感觉好”的那种幸福感后，你就会更加深刻地认识到感觉好的重要性，迫切地希望自己时时感觉良好。而且你会发现当你感觉良好时，就会吸引更好的好事发生，这正是所谓的好事成双，而感觉不好又会发生更多的坏事，这也是所谓的祸不单行。于是你就更想拥有一个好的心情，你对自己负面的情绪就更加抗拒了。

可是我们是人不是神，我们有很多时间并掌控不了自己的情绪，我们常常会因为一些人和事产生愤怒、抱怨，想到过去我们会自责、悔恨，想到未来我们会担忧、不安，而有时候我们又会突然莫名其妙地陷入情绪的低谷。怎么办？我们要怎样才能够消除负面的情绪，让自己可以更长时间地保持在美好的感觉中？我们要如何才能够走出情绪低谷，让自己恢复好心情？

忧由心生，好多时候负面情绪的产生其实是来自自己的内心。有这样一个调查报告，好多自杀的人，在自杀前会觉得惶惶不可终日，会觉得一股无形的压力正压得他喘不过气来，以为周围的人都在等着看他的笑话，以为自己如果不选择死，会被周围的眼光周围的人们活活地唾骂死。可是他们不知道，这些压力其实是来自自己，只有很少一部分来自外界。

一个整天被负面情绪压着的人是可怕的，如果他不学会给自己的负面情绪找到一个泄洪阀，那么后果会相当严重。所以，当负面情绪来袭时，要赶快把这种负面情绪送出去，但这种送出去，并不是让你逃避，不敢去正视，只想着赶快转移自己的注意力，找一些好玩的事情来脱离它。或许你会觉得这些方法很正常、很合理，因为我们本来就不愿意让自己感觉不好，我们本来就不想要负面的情绪。然而，你是否意识到，使用这些方法的时候，其实你对于自己的负面情绪是十分抗拒的呢？你是否意识到，自己其实是很担心、很害怕这些负面情绪的呢？你是否意识到，这样做的同时，我们其实是在紧紧抓住这些负面情绪不放呢？

所以，对待负面情绪，不是要逃避，而是要学会真正地去面对它，找到解决的办法，把这些负面情绪真正从你的心底抹去。否则，虽然它们可能会被你暂时地逃开或者压抑下去，然而它们依然会根植于你的身体里面，在下一次“适合”的时机又冒出头来。

抑郁是禁锢人们心灵的枷锁

抑郁是禁锢人们心灵的枷锁，它困扰着人们，让人们在现实世界中不能很好地调适自我，从而渐渐地退缩到自己的小天地里封闭自己。

佳佳是家中的独生女，父母都是知识分子，对她抱有极高的期望。因此，佳佳从小受到的教育要比别人多些，智力开发也比别人早些，学习成绩一直很好，每次考试都是优秀。

但是，这次期中考试时，佳佳患了重感冒。由于身体不适，精神不振，再加上心情紧张，佳佳有一科没考好，受此影响，后面的其他科考试成绩也不好。尽管佳佳没有考好，但是爸爸妈妈没有责怪她，反而鼓励她，但她仍然不开心。从那之后，佳佳开始变得沉默寡言、闷闷不乐，有时候她会表现出精神不振、没睡醒的样子，在家学习时也打不起精神。妈妈还发现，自那之后，佳佳的饭量明显比以前减少了。

这几天，佳佳总说自己不舒服，不想去上学。妈妈要带她去医院，她也显得很不耐烦，不肯去。妈妈没办法，只好帮她跟老师请了假。在家里，佳佳也只是闷在自己的小房间里，只有吃饭的时候才出来。

妈妈看到佳佳这个样子很心疼，于是给班主任老师打了个电话，询问佳佳最近的情况。老师告诉妈妈，自从期中考试之后，佳佳就像是变了个人似的，整天沉默寡言、闷闷不乐的，下课也不和同学们一起玩耍，上课的时候还经常走神，学习成绩也开始下降。

佳佳的表现表明她是陷入了抑郁的情绪中。在日常生活中，人们难免有不开心的时候，比如考试没考好，失去了亲人，做错了事情，遭到了别人的批评，或者与朋友产生小矛盾，这时，人们往往会感到失落、无助、自责或内疚，进而情绪低落、沮丧，这就是抑郁的表现。

抑郁比悲伤、痛苦、羞愧、自责等任何一种单一的负面情绪更为强烈和持久，给人带来的影响也更严重。

抑郁是一种较为普遍的负面情绪，可以说人的一生总有某段或长或短的时间生活在抑郁之中。处于抑郁状态的人，如果能进行自我调节，积极面对所遭遇的事实，接受丧失与悲伤的现实，就有可能克服抑郁情绪，重新适应环境，恢复正常的生活。

遗憾的是，许多人并没有意识到抑郁的危害，心情抑郁时，不能积极调整心态，长期（一般在三个月以上）被抑郁的阴影笼罩无法自拔，丧失了正常生活的能力，以致最后患上抑郁症。

近年来，医学研究发现，抑郁症是最常见的心理疾病，在全世界的发病率约为11%。有人把抑郁症称为“心灵的感冒”，从其高发病率和发生的不可预测性来说，这个比喻还算贴切，但是从危害来看，抑郁症比感冒要严重得多，需要引起人们更多的关注。

研究发现，大约有12%的人在一生中会患上比较严重的抑郁症。在总统竞选失败以后，老布什曾经得了两个月的抑郁症；在与莱温斯基桃色新闻沸扬的日子里，克林顿靠服用“百忧解”度过精神的危机……不管是小职员，还是成功人士，面对抑郁症的侵袭都毫无抵抗力。所以，对于抑郁症，我们要打足十二分的精神来对待它。

走出嫉妒：别人的优秀是用来学习的

生活中，我们会遇到各式各样的人，有的人胸怀宽广，遇到周围人在某个方面超过自己，或者比自己处境优越，会羡慕不已，但还是真心祝福对方；有些人心胸狭窄，遇到比自己强的人，难免明里暗里嫉妒憎恨，甚至恨不得诅咒对方瞬间失去一切，变得一无所有。

这两种情绪虽然出自对同一件事情所持的态度，但是展现出来的形式就大大不同了，前者会赢得人们的尊重，同时也会在潜意识里给自己设定一个目标，从而积极努力赢取别人也能拥有的东西；而后者的这种心理就比较阴暗，如此的嫉妒嫉恨，被别人发现了，自不会再与其为伍，失去一个朋友不说，这种阴暗的心理对当事人也并没有什么好处，因为嫉妒是生自心灵的毒瘤，它居住在你的身体里，长久地扎根生长，它的毒性会越来越大，而深受其害的，只有你自己，它会影响你的情绪，还会抵制你的心理健康状态，想想，又何必呢？

《漫步者》里有这样一句话：谁妒忌别人，就等于承认别人比自己强。细想一番，这话说得真是一针见血。一个有自信的人，有实力的人，有才气的人，一般说来是不会也不应该嫉妒别人的。只有那些自知自己落伍了，超不过别人了，才会生出嫉妒心来，有了嫉妒心之后，就会说出一些欠考虑的话，做出一些不明智的举动来。结果呢，反而更会被别人小瞧。

当然，人是有感情的，嫉妒也是感情的一种，可以理解，但是如果任其发展、不加收敛的话，最终只能把自己推向尴尬的境地。有教诲言“海纳百川，有容乃大”，就是教我们要用江海一样的胸怀去面对人生，因为只有这样的人生才是快乐的、幸福的。

纵观天下，方方面面人才辈出，但永远的第一是不存在的，生活在前进，时光在流转，任何一个区域都会存在新陈代谢的现象，大家你追我赶，这样才会营造出良性的竞争氛围，才能互相激励，互相感染。而我们如果总是拿嫉妒来面对别人的成就，那就是说明我们从潜意识里已经放弃了争取，而潜意识的存在会影响整个人的精神状态，以及决策决定。出力不讨好的事情，不做也就不做了吧。

更重要的是，我们要从现在开始学会容纳，学会赞美，学会祝福别人。美好的东西流传开来，生活便会越来越美好，而阴暗的东西若流传开来，也会具有同等的效应。

如果你是一个渴望美好的人，请记住：不要嫉妒别人，别人的优秀是用来学习的。

走出抱怨：甩掉怨气才能争气

人与人相处，关心和支持是相互的，你付出了爱，才能收获爱，你给了别人帮助和关怀，别人也会在你困难和失意的时候帮助你，关心你。当然，每个人都有自己的情感需求，特别是遇到困难或者遭受挫折的时候，这时候更加渴望获得别人的安慰和支持。如果没有获得，往往会感到失落，会觉得家人和朋友不关心自己，不在乎自己，甚至自我否定和贬低，觉得自己不值得别人关心。

生活中，有这么一些人，往往会觉得朋友对自己不够仗义，总觉得家人对自己不够关爱，觉得配偶没有对自己付出所有的爱等。

世军刚刚丢掉了自己的工作，他的心情很沉重，不知道应该如何告诉妻子，不知道如何养活孩子，不知道自己今后将如何生活……他很渴望获得别人的安慰，哪怕一句关心的话也可以，但是没有，他就这么落寞地走在马路上。关于这次的下岗，世军怎么也想不通为什么轮到了自己的头上。他觉得这全是因为单位领导对自己的偏见，同一车间的工友们更是可恨，竟然没有一个人为他送行。

回到家后的世军更是一副愁眉苦脸、闷闷不乐的样子，妻子问他是怎么回事他也不肯说，妻子看他不开心便没有再问，而他则觉得妻子也不在乎自己，不关心自己。落寞的世军感觉不到一点人生的温暖。他内心十分难过。

抱怨是对别人的一种谴责，也是对生活环境不满的一种表现方式。我们总是在抱怨没有人爱我们。例如，当朋友忘记我们的生日，生病时没人给我们安慰，内心感觉很失望，甚至凄凉，感觉自我的价值感也在慢慢地消失。

人对爱的渴望和自身实际对爱的感受总是存在着一定的差异。人们总是渴望别人能给自己全部的爱，就像母亲爱婴儿一样，这种爱是无条件的，也是不求回报的。然而当人们长大以后，就不能再享受这种爱了。因为成人之间的爱是相互的，即使把你当宝贝一样看待的爱人，也不能给予你这种爱。你越是感觉到这种差异的存在，就会越觉得别人是不爱你的，最后就会感到没有人喜欢自己。

自信心不足也会让人觉得自己不被喜欢的原因。喜欢抱怨没有人喜欢自己的人实际上渴望得到别人的赞美与肯定，他们似乎只有在别人的赞美声中才能找到自己的存在感，而这恰恰证明他们是不自信的。生活不会按照自己的想象进行，不可能每天都有人赞扬你，肯定你，而当生活中这种赞扬和肯定减少了的时候，他们就找不到自我存在的价值了。对周围的一切都感到失望，也就衍生出了一种没有人喜欢自己的心理。

总在抱怨没有人喜欢自己，这不但对自己的生活不利，也会让身边的人感到很累。因此，我们需要改掉这种抱怨的心理。

郁闷的时候，为自己松松绑

生活中，我们应该多给自己松松绑，做到有张有弛，笑对人生。学会生活，这是一门科学，也是一门艺术。

世界上最恐怖的监狱是自己为自己所造的心灵监狱。我们经常看到走在路上的行人，神色匆忙，眉宇间带着生活的种种烦恼。难道生活真的让人如此痛苦吗？让我们给自己松松绑吧！除了自己释放自己，为自己找一个心灵出口，还有谁能让你从心灵里真正地恢复自由呢？

很久以前，一个国家在抓到窃贼时，拘禁的方法非常简单。他们抓到一个窃贼便在地上画一个圈让他待在里边，抓到一定的数量便把他们一个个从圆圈里拉出来排队押走。中国有一个成语叫“画地为牢”，它的意思与这一方法何其相似。所以我们才说，世界上最恐怖的监狱并没有铁窗和围墙。

人类的智慧既能在不自由中寻找自由，也能在自由中设置不自由。对有的人来说，心里的不良情绪就是一座监狱，各种情绪都成了层层铁窗，被关在里面的人天天为之郁闷愤恨。这些不良情绪，如果没有得到及时地释放，会让人始终无法解脱，有时甚至会导致严重的后果。

29 岁的外企销售经理小张从小学习成绩就很出色，他顺利从大学毕业后，进入某外企工作，从普通的业务员做到销售经理，收入很高。但是她却一直感觉心里很压抑，常常心烦意乱，甚至觉得生活没有乐趣。因为长久以来，她因工作繁忙而忽略了与男朋友的交流和相处，后来男朋友提出了分手，她非常痛苦，并且一直没有开始新的感情，一旦闲下来，她就会感到孤独和寂寞。而且，除了工作时，小张很少与人交往，心里的压抑和烦恼一直都得不到发泄和排遣。所以，小张的生活似乎有着截然相反的两面，在外人眼里她一直都很出色，生活也很幸福，而她只有自己才知道自己心里有很多的烦恼，她感觉自己快要崩溃了，后来再也无法忍受的小张竟然在家中打开天然气阀门自杀身亡。

其实，到底发生了什么大不了的事，让小张非得走上那条不归路呢？看得出来并没有发生什么大不了的事。她的工作很好，人也很出色，本来应该过着很幸福的生活，但却因为长期以来郁积在心里的情绪得不到宣泄，从而走上了那条不归路。如果她能及时地发现自己的心理问题，重视心理健康，不时给自己松松绑，将心中的各种不快发泄出去，那么也就不会发生这样的悲剧了。

所以，郁闷的时候，请舒一舒眉，为自己松松绑吧。除了你自己，没有人能让你恢复自由。

茨威格在《象棋的故事》里写道：一个被囚禁的人整天无所事事、度日如年，而获得一本棋谱后日子过得飞快。靠着那本棋谱，囚犯轻松愉快地把他的牢狱之灾化解掉了。他把“恐怖”的监狱当成自己发展的另一美好天地，痴迷于对棋艺的研究，并通过这种方法他为自己减了刑松了绑。

生活中真正进监狱的人毕竟不多，但有的人却像真正的囚徒一样把自己关在心灵的监狱里，不肯进行自我松绑、自我减刑。我们应积极努力地去寻找自己心灵的“棋谱”，如果找到它，学会为自己松绑，那么，你的人生将会是十分成功。

破纪录修炼

测测你的情绪世界

日常生活中我们在多大程度上受理智的控制，又在多大程度上受情绪的支配？在这方面，人与人之间存在着很大的差异，这里面气质、性格、情绪、阅历、素养等都起着作用。

下面有30道情绪自测题，每题有A、B、C三个选项，请以最快的速度诚实作答，每题只选一项。

1. 你看电影时会哭或觉得要哭吗？

A. 经常。

B. 有时。

C. 从不。

2. 在咖啡店里要了杯咖啡，这时发现邻座有一位姑娘在哭泣，你会：

A. 想说些安慰话，但却羞于启口。

B. 问她是否需要帮助。

C. 换个座位远离她。

3. 一个刚相识的人对你说了一些恭维话，你会：

A. 感到窘迫。

B. 谨慎地观察对方。

C. 非常喜欢听，并开始喜欢对方。

4. 遇到朋友时，你经常是：

A. 点头问好。

B. 微笑、握手和问候。

C. 拥抱他们。

5. 对于信件或纪念品，你会：

A. 刚刚收到就无情地扔掉。

B. 保存多年。

C. 每两年清理一次。

6. 在朋友家聚餐之后，朋友和其爱人激烈地吵了起来，你会：

A. 觉得不快，但无能为力。

B. 立即离开。

C. 尽力劝和。

7. 如果让你选择，你更愿意：

A. 同许多人一起工作并亲密接触。

B. 和一些人一起工作。

C. 独自工作。

8. 同一个很羞怯或紧张的人说话时，你会：

A. 因此感到不安。

B. 觉得逗他说话很有趣。

C. 有点生气。

9. 在一场特别好的演出结束后，你会：

A. 用力鼓掌。

B. 勉强地鼓掌。

C. 与大家一起鼓掌，但觉得很不自然。

10. 一位朋友误解了你的行为，并且正在生你的气，你会：

A. 尽快联系，作出解释。

B. 等朋友自己清醒过来。

C. 等待一个好机会再联系，但对误解的事不进行解释。

11. 有没有毫无理由地觉得害怕？

A. 经常。

B. 偶尔。

C. 从不。

12. 你喜欢的孩子是：

A. 很小而且有些可怜巴巴的。

B. 长大了些的。

C. 能同你谈话，并且形成了自己的个性的。

13. 当你为解闷而读书时，你喜欢：

A. 读史书、秘闻、传记类。

B. 读历史小说、社会问题小说。

C. 读幻想小说、荒诞小说。

14. 去外地时，你会：

A. 为亲戚们的平安感到高兴。

B. 陶醉于自然风光。

C. 希望去更多的地方。

15. 如果在车上有烦人的陌生人要你听他讲自己的经历，你会：

A. 显示你颇有兴趣。

B. 真的很感兴趣。

C. 打断他，做自己的事。

16. 你是否因内疚或痛苦而后悔?

A. 是的，一直很久。

B. 偶尔后悔。

C. 从不后悔。

17. 是否想过给报纸的问题专栏写稿?

A. 绝对没想过。

B. 有可能想过。

C. 想过。

18. 被问及私人问题，你会：

A. 感到不快活和气愤，拒绝回答。

B. 平静地说你不愿意回答。

C. 虽然不快，但还是回答了。

19. 你怎样处置不喜欢的礼物?

A. 立即扔掉。

B. 热情地保存起来。

C. 藏起来，仅在赠者来访时才摆出来。

20. 你对示威游行、宗教仪式的态度如何?

A. 冷淡。

B. 感动得流泪。

C. 感到窘迫。

21. 一只迷路的小猫闯进你家，你会：

A. 收养并照顾它。

B. 扔出去。

C. 想给它找个主人，找不到就让它安乐死。

22. 送礼物给朋友：

A. 仅仅在新年和生日。

B. 全凭兴趣。

C. 你觉得有愧或有求于他们时。

23. 如果你因家事不快，上班时你会：

A. 继续不快，并显露出来。

B. 工作起来就把烦恼丢在一边。

C. 尽量理智，但仍因压不住火而发脾气。

24. 你对恐怖影片态度如何?

A. 不能忍受。

B. 害怕。

C. 很喜欢。

25. 爱人抱怨你花在工作上的时间太长了，你会：

A. 解释说这是为了你们两人的共同利益，然后，仍像以前那样去做。

B. 试图把时间更多地花在家庭上。

C. 对两方面的要求感到矛盾，并试图使两方面都让人满意。

26. 生活中的一个重要关系破裂了，你会：

A. 感到伤心，但尽可能正常生活。

B. 在短时间内感到心痛。

C. 无法摆脱忧伤的心情。

27. 以下哪种情况与你相符?

A. 很少关心他人的事。

B. 关心熟人的生活。

C. 爱听新闻，关心别人的生活细节。

28. 下面哪种情况与你最相符？

A. 十分留心自己的感情。

B. 总是凭感情办事。

C. 感情没什么要紧，结局才最重要。

29. 看到路对面有一个熟人时，你会：

A. 走开。

B. 招手，如对方没有反应就走开。

C. 走过去问好。

30. 当拿到母校的一份刊物时，你会：

A. 通读一遍后扔掉。

B. 仔细阅读，并保存起来。

C. 不看就扔进垃圾桶。

选项 / 得分 / 题号	A	B	C
1	3	2	1
2	2	3	1
3	2	1	3
4	1	2	3
5	1	3	2
6	2	1	3
7	3	2	1
8	2	3	1
9	3	1	2
10	3	1	2
11	3	2	1
12	3	1	2
13	1	2	3

续　表

题号 \ 得分 \ 选项	A	B	C
14	1	3	2
15	2	3	1
16	3	2	1
17	1	2	3
18	3	1	2
19	1	3	2
20	1	3	2
21	3	1	2
22	1	3	2
23	3	1	2
24	1	3	2
25	1	3	2
26	2	3	1
27	1	2	3
28	2	3	1
29	1	2	3
30	2	3	1

最后汇总分。

测试结束，请看结果：

30～50分：理智型。很少为什么事而激动，表现出有很强的克制力甚至于冷漠。对他人的情绪缺乏反应，感情生活平淡而拘谨，因此别人常说你是“冷血动物”。你需要松弛自己。

51～60分：平衡型。情绪基本保持着感情但不感情用事、克制但不过于冷漠的状态。即使在很恶劣的情绪下握起拳头，也仍能从情绪中摆脱出来。因此，很少与人争吵。感情生活十分愉快、轻松。

70～90分：冲动型。非常情绪化，易激动，反应强烈；往往十分随和、热情，或者感情脆弱、多愁善感。常会陷入那种短暂的风暴似的感情纠纷中，因此，麻烦百出。想劝你冷静是一件很难的事。这里有必要提醒你，一定要克制自己。

第七章

人脉破纪录：把“关系”变成办事资本

没有金刚钻，别揽瓷器活。今天，我们处于一个伟大的时代，经济社会的迅速发展，为个人提供了前所未有的成功的机会，但要抓住这些机会还需要我们具备各种能力。而突破关系的能力就是我们抓住这些机遇必须具备的能力。因此，我们必须加强这种能力的培养。

生命即是关系，成功在于人脉

这个世界上什么最值得投资？能源、股票、房产，还是黄金？抑或其他？或许你从中选出个答案，但如果你看了下面这句话，你就会放弃上面这些投资项目了。被誉为“20 世纪最伟大的心灵导师”的戴尔·卡耐基说：“专业知识在一个人成功中的作用只占 15%，而其余的 85% 则取决于人际关系。”有人就有一切，为了自己的事业，赶紧做好人脉投资吧！

在如今的工作中，越来越多的人已经认识到人脉资源对自己的事业是多么的重要，同时，这也是成功人士给我们的经验。曾经担任美国某大铁路公司重要领导的史密斯说：“铁路的 95% 是人，5% 是铁。”而不断对社会关系进行研究的美国成功学大师卡耐基说：“在一个人的成功中，专业知识仅占 15%，而其余的 85% 取决于人际关系。”因此，从事各行各业的工作者如果学会了处理人际关系，成功就只差一步之遥了。所以，美国石油大王洛克菲勒曾经的“我愿意付出比天底下得到其他本领更大的代价，来获取与人相处的本领”的言论就毋庸置疑了。

在医学上强调的是身体的血脉相通，同样，事业成功离不开通畅的人脉关系。

因此，想要成功的人必须努力营造一个对自己有所帮助的人脉关系网。这个关系网包括自己与家庭成员、亲友、同事、客户……所有的这些都关系着我们的事业。如果一个有知识、有才能的人缺乏良好的人际关系，那么距离成功也是非常远的。

无论是在学习、工作还是在生活中，人脉是推动我们成长的重要因素。

众所周知，火箭的发射需要助推器。同样，人的成功也需要一个助推器——人脉。

大家可以想象一下，一个有着最好的能力、最好的产品的人却不认识任何人，如何做到出售商品赚钱？很多人总是在抱怨“为什么我就挣不到大钱”，其实这与自己的人脉不广有很大的关系。一般来说，人际关系与幸福是成正比的，人脉广，认识高层的人越多，成长的速度越快，挣大钱的概率也会越大，走向幸福快乐生活的机会也就越多。

因此，在一定程度上，工资水平之间的差距也就是人脉的差别。

因此，我们应抓住一切机会建立自己的人际关系网。很多人经常为“如何扩展自己的交际面”而感到苦恼，其实这种机会到处都是，只是我们没有注意罢了。

如果从现在开始每遇到一个人，你都能对他（她）足够重视，相信在不远的将来会有“馅饼”砸到自己。

如果一个人既有雄厚的经济实力，又有优良的产品与先进的技术，那么，如果他想拓宽市场，赚大钱，最重要的事情就是广交好友，建立人脉关系网。

如果到目前为止，你跟所有认识的人都保持着良好的关系，那你现在一定是一个不俗之辈。无论在各方面都能顺利，这与你自身的人脉是很有关系的。一般来说，你认识多少人和多少人认识你都会影响着你的成长速度。

我们应该相信任何人对我们都会有帮助，我们在任何地方都能展翅翱翔。在我们的日常生活中，无论遇到什么样的人，都把他（她）当成是激励自己前进和成长的“推手”，认真对待每一个人对自己提出的建议和意见，并不断改进。同时，积极加入社团，培养与他人协作的能力，并且保持长期联系，只有这样，我们才能建立起自己的人际关系网，我们也会不断从中受益。因为，别人的成长需要你的帮助，你的成长需要别人的指点。在这个过程中，大家都得到了锻炼和进步，为未来的发展打下了坚实的基础。

突破关系能让你脱颖而出

中国是一个关系社会，因此，培养突破关系的能力非常重要。具有突破关系的能力，你就能够广泛获得他人的帮助与关心，能够获得领导的赏识和提拔，获得下属的支持与爱戴，获得朋友的协助与喜欢，从而让你拥有比别人多得多的资源来让自己的事业达到成功，使自己的人生获得幸福。

曾经有一篇文章中有这样一个观点：35 岁之前，如果一个社会上的普通人还仍未建立起牢固的人脉网，那他的人生将会有很大的麻烦。除此之外，文章还指出，这个人脉网应有这些人：我们的同事，受过我们恩惠的人，我们倾听过他们问题的人，与我们有着相同爱好的人，等等。

人脉关系的质量好坏很多时候影响着一个人的事业和生活的方方面面。人脉关系越和谐，你的工作成果和个人成就也会越突出，当然你就越会感到有成就感。你在事业之外的幸福和个人生活的质量也取决于你与他人交往的方式，取决于你能否轻松地建立并维持友好、诚挚和长久和谐的私人关系，总而言之，即取决于你与他人突破关系的能力。

一名西方商人在中国经商多年后这样说：在中国为人处世，特别要花心思，这是一个重人情胜过实效、不看僧面看佛面的国度。不容否认，他的这种说法具有一定的片面性，但也不是没有根据的。很多时候，做人确实比做事重要。人脉好、有声誉的人，做任何事情更容易获得成功。反之，不少骄傲自大的人往往到处碰壁，空有一身抱负，终不免沦为平庸。

有人这样总结：喜欢别人，又能让别人喜欢的人，才是世界上最成功的人。

综观成功的人，他们大多乐于交往并且善于与他人进行关系突破。他们能够广泛获得别人的帮助与关心，能够获得领导的赏识和提拔，获得下属的支持与爱戴，获得朋友的协助与喜欢，因此，他们更容易让自己的理想实现。

把“关系”变成办事资本

真正聪明的人善于把“关系”变成办事的资本，他们凭借自己的本领，最大限度地打通各个环节，以便为自己办事构建关系网。与他人建立“关系”的最终目的就是互帮互助。别人有难，自己不妨施以援手，这样在自己遇到困难的时候，别人才会挺身而出，雪中送炭。

三国时，汉献帝处在曹操的控制之下，并不甘心，他的舅舅（实际上是汉灵帝的母亲董太后的侄儿，汉献帝称呼为舅）董承以他受了献帝藏在衣带中的密诏，要他设法杀掉曹操为由，暗中进行联络，刘备也知道此事，但他没有向曹操揭发。一天，曹操宴请刘备，对他说：“天下英雄，就是你和我曹操两个，像袁本初（袁绍字本初）这种人，都是不足道的。”心中有鬼的刘备闻此大惊，以为曹操知道了什么，一时过于紧张，连手上的筷子都掉了，幸好当时打了一个响雷，刘备才借机掩饰过去。

这一来，刘备知道曹操并未小看自己，自己早晚会有危险，反倒更积极地参与了董承一伙的密谋，但当他们准备动手时，刘备正好到外地“出差”。结果，董承一伙未能成功，反倒被曹操发觉，曹操将他们一网打尽，只有刘备幸得不死。

建安五年（公元200年），曹操亲自出征，打败刘备，俘获了他的妻子，连刘备的猛将关羽也当了曹操的俘虏。刘备无奈，只好归附袁绍，袁绍亲自从邺城跑出20里地迎接他，他那些失散的部下也逐渐归集。这时，曹操与袁绍相持于官渡（在今河南中牟），关羽也乘机逃脱，回到了刘备身边。曹操打败袁绍，又进攻刘备，刘备招架不住，只好逃到荆州刘表那里。

好在刘备以前就与刘表的“关系”好，平时做好了人情，在关键的时候，刘表收留了他，并给了刘备一定的空间发展。倘若刘备平时没有建立与刘表的人际关系，恐怕他连立足之地都难以找到。

看看我们的周围有人会问，为什么有的人办事顺利，一帆风顺？为什么你办事就处处受卡，麻烦不断呢？其实，答案很简单，一个人的交际力量与办事密切相关。这一点对我们实现目标来说至关重要！如果在人际交往方面下工夫，现实生活中的很多难题都可以迎刃而解。

凡是能办事的人，都具备这样的特点：他们人缘好，受人欢迎，办什么事都有人帮忙。这实际上就是我们通常所说的有关系。要注意的是不要把“关系”想象成庸俗的幕后交易，实际上“关系”是我们每一个人安身立命的支撑点。若想成为一个办事能手，就必须学聪明人练就一双巧手，有属于自己的关系网才能达到事半功倍的效果。

可以这样说，一个人事业的成功，15%基于他的专业技术能力，85%取决于他的人际关系，人际关系可以说是一座让人终身受用的富矿，编织关系网，就像开发矿藏，开发得越多，你就越富有；又如播种，你撒下的种越多，收获也就越多。因此会办事的人，不仅重视和某个人建立关系，更重视和多数人搞好关系。只有搞好了人际关系，并善于利用人际关系，事情才能办成、办对。

突破与陌生人之间的关系

没有人一生下来就拥有众多的朋友，也没有人一开始就能有贵人相助，这些都是在结交陌生人的基础上发展起来的。我们每天都需要与不同的陌生人打交道，如何恰当地与陌生人相处，赢得他人的认同，为今后的进一步交往打下良好的基础，是每个现代人都应该了解和掌握的一项技能。

现实生活中，我们都会遇到陌生人，很多人遇上陌生人时，心里会不知所措，一时找不到表达的方法。如果这样的话，这个人际障碍让你的人际圈子很难得到拓展。那么，如何和陌生人一见如故，是每个人面临的又一现实问题。

在我们周围，害怕见陌生人的人大有人在，例如：在聚会上，他们想不到有什么风趣或是言之有物的话可说；在求职面试中他们拼命想给人好印象……其实，面对陌生人一时不知如何开口的人大有人在。

即使如此，我们也应该知道，懂得怎样毫无拘束地与人结识是很重要的，这样可以扩大朋友的圈子，使生活更加丰富多彩。

一直以来，美国著名记者阿迪斯以记者身份往返世界各地，他和陌生人的谈话有许多令他毕生难忘。他曾这样说：“这就好像你不停地打开一些礼物盒，事前却完全不知道里面有什么。老实说，陌生人的引人入胜之处，就在于我们对他们一无所知。”

阿迪斯举例说，新奥尔良有一个修女，看起来高雅迷人，不问世事。但是阿迪斯经过调查后才发现她的工作原来是帮助粗野的年轻释囚重新做人。他还在加拿大一列火车上遇到一位一本正经的老妇，她说她正前往北极圈内的一个村庄，因为她听人说在那里会见到北极熊在街上走。

阿迪斯说：“跟我谈过话的陌生人，几乎每一个都使我获益匪浅。”在公园里遇到的一个园丁告诉阿迪斯关于植物生长的知识比他从任何地方学到的都多。在挪威奥斯陆，一个曾经参加过第二次世界大战的战士带阿迪斯到海边一个荒凉高原，他告诉阿迪斯战争是让人痛心的，这里曾是硝烟弥漫的战场。

很多时候，恰恰是我们过去从来没有见过的人，更能帮助我们认识自己。因为我们可能对一个陌生人说出我们时常想说但不敢向亲友说的心里话，这时，陌生人就变成了我们认识自己的一面镜子。

运气好的话，和陌生人的偶遇还会发展成为真诚的友谊。阿迪斯说：“世界上没有陌生人，只有还未认识的朋友。”

与贵人建立交情的方法

人人都盼望遇上一个贵人，碰上了贵人，你会觉得心情豁然开朗、耳目一新。可往往有些人叹息自己一辈子碰不上一个贵人，这不是因为你运气欠佳、命途多舛，而是你还没有敞开容纳贵人的心灵之窗。

一些人员复杂的聚会往往是认识贵人最好的机会，如果有可能，请尽量经常出现在这样的场合，增加人脉的聚集。在适当的时机，任何一个普通人都可以以微弱的力量扭转乾坤，成为你的大贵人。

相比那个时代的许多人而言，远大集团 CEO 张跃的发家史看上去格外轻松而顺利。那是 1984 年的一天，张跃去参加一个朋友的婚礼，有幸认识了在银行工作的王先生。王先生恰好认识张跃的父亲，攀谈之下，王先生非常欣赏张跃的头脑和见识，临别时对他说有什么需要尽管可以找他帮忙。当时张跃正打算创业，却苦于没有资金。随后在王先生的帮助下，他从银行贷到了 5 万元经销摩托车，第一笔生意就赚了将近 2 万元。

这次成功给了张跃极大的鼓舞，他一鼓作气干下去，经销家电、开酒店、开发远大空调，直到建起了规模庞大的“远大城”——那里有错落有致的厂房、办公楼、公寓、商店、餐厅、俱乐部、酒吧、宾馆、直升机场，还有欧式格调的管理学院、科学院大楼，以及新近落成的金字塔结构的博物馆，大约有 1100 多人生活其中，宛如一座微型城市。而今天所有这一切，完全是当初那位贵人所提供的一个小小的但又极其重要的机遇，幸运的张跃抓住了这一瞬即逝的信息，就此开创了自己的完美人生。

美国微软公司董事长比尔·盖茨之所以成功，是因为他在创业初期遇上了名叫斯蒂文·扎布斯的一位贵人。美国前总统克林顿也因为遇上了奥尔布赖特和希拉里这两个女贵人才能够成功地履行了总统职务。

不管你从事的事业大小与否，如果没有贵人相助，你就很难成功。

不管你多么聪明，不管你具备多么优越的条件，只要没有人帮助你，或者有人故意刁难你，那么，你就很难成为一个成功的人士。不靠贵人，只凭自己的单打独斗，不管你有多大的实力和本事，你的事业之金字塔终究会土崩瓦解，夷为平地。

贵人往往就是成就我们事业的加速器。在这样一个分工更加精细严密的时代，要想获得更多贵人运，应该通过控制自己的人脉，来给自己创造更多的可能性。这几乎是每个成功者的基本经验。

学会互助，你就能更快地接近成功

一个人想要在社会上站稳脚跟，只靠自己单打独斗是远远不够的，如果没有背后强大的社会关系资源，个人能力再强也只有“望梦想兴叹”的份儿。聪明的人懂得谁都不可能一个人做完所有的事情，要想达到目标就需要与人合作。没有别人的帮助，我们能取得成就的程度会很有限。一个人在成功的道路上前进得越远，就越会体会到真正重要的不是现金、思想、热情，而是人，因为齐心协力之下能实现的事往往更多、更快、更容易。

作为社会中的一员，谁也不能总是单独行动，有些事情靠一个人的力量是无法完成的。因为，每个人的能力总是有限的。

有些人精力旺盛，认为没有自己做不到的事。其实，精力再充沛，个人的能力也还是有一个限度的。超过这个限度，就是人所不能及的，也就是你的短处了。

每个人都有自己的长处，同时也有自己的不足，这就要与人合作，用他人之长补己之短，养成合作的习惯。

在古时候，有两个饥饿的人得到了一位长者的恩赐：一根鱼竿和一篓鲜活硕大的鱼。其中，一个人要了一篓鱼，另一个要了一根鱼竿。之后他们便各行其是、分道扬镳了。

得到鱼的人原地就用干柴搭起篝火煮起了鱼，他狼吞虎咽，还没有品出鲜鱼的肉香，转瞬间，连鱼带汤就被他吃了个精光，过了一段日子，他便饿死在空空的鱼篓旁。

另一个人则提着鱼竿继续忍饥挨饿，一步步艰难地向海边走去，可当他已经看到不远处那蔚蓝色的海洋时，已经饿得浑身没有一点力气，只能带着无尽的遗憾撒手人寰。

又有两个饥饿的人，他们同样得到了长者恩赐的一根鱼竿和一篓鱼。但是他们并没有各奔东西，而是商定共同去找寻大海。他俩每次只煮一条鱼，经过长途跋涉，终于来到了海边。从此，两人开始过上以捕鱼为生的日子。几年后，他们盖起了房子，有了各自的家庭、子女，有了自己建造的渔船，过上了幸福安康的生活。

这个故事告诉我们，在面临困境时，无论你的眼光是短浅还是长远的，依靠自己一个人的力量往往很难摆脱困难。只有合作，产生一种“合力”，才能取长补短，进而帮助你渡过难关，最后获得成功。

破纪录修炼

你的人缘怎么样

人缘即是指同领导、下属、同事、朋友等的关系，那么你的人缘怎样呢？请你根据自己的实际情况，对下面15个问题如实回答，然后对照后面的分数统计表计算分数，再看分数评语，你就会知道自己是否善于交朋友，以及人缘如何。

1. 当你有问题的时候，你是：

A. 通常感到自己完全能够应付这个问题

B. 向你所能依靠的朋友请求帮助

C. 只有问题十分严重时，才找朋友

2. 下面哪一种情况对你最为合适，或者接近你的实际情况？

A. 我通常让朋友们高兴地大笑

B. 我经常让朋友们认真地思考

C. 只要有我在场，朋友们就会感到很舒服、愉快

3. 假如朋友对你恶作剧，你会：

A. 跟他们一起大笑

B. 感到气恼，但不溢于言表

C. 可能大笑，也可能发火，这取决于你的情绪

4. 当你放假的时候，你会：

A. 很容易交上朋友

B. 比较喜欢自己一个人消磨时间

C. 想交朋友，但发现这不是一件很容易的事

5. 假如让你参加一次活动，或者在聚会上唱歌，你会：

A. 找借口不去

B. 饶有兴趣地参加

C. 当场就直接地谢绝邀请

6. 在下面的3种品质中，哪一种你认为是你的朋友应该具备的？

A. 使你感到快乐和幸福的能力

B. 为人可靠、值得信赖

C. 对你感兴趣

7. 你和朋友们在一起时过得很愉快，是因为：

A. 你发现他们很有趣，既爱玩又会玩

B. 朋友们都很喜欢你

C. 你认为你不得不这样做

8. 你和朋友的关系一般能维持多长时间？

A. 一般情况下有不少年

B. 有共同感兴趣的东西时，也可能一起待几年

C. 一般时间都不长，有时是因为迁居别处

9. 你发现：

A. 你只是同那些能够与你分担忧愁和欢乐的朋友们相处得很好

B. 一般来说，你几乎和所有人都能相处得比较融洽

C. 有时候你甚至和对你漠不关心、不负责任的人都能相处下去

10. 当你的朋友有困难时，你发现：

A. 他们马上来找你帮助

B. 只有那些和你关系密切的朋友才来找你

C. 通常朋友们都不会麻烦你

11. 当你安排好见一个朋友，但你又感到很疲倦，却不能让朋友知道你的这种状况时，你会：

A. 希望他会谅解你，尽管你没有到朋友那儿去

B. 还是尽力去赴约，并试图让自己过得愉快

C. 到朋友那儿去了，并且问他如果你想早回家，他是否会介意

12. 假如朋友想依赖你，你有什么想法？

A. 在某种程度上不在乎，但还是希望能和朋友保持距离，有一定的独立性

B. 很不错，我喜欢让别人依赖，认为我是一个可靠的人

C. 我对此持谨慎的态度，比较倾向于避开可能要我承担的某些责任

13. 你要交朋友时，是：

A. 通过你已经熟识的人

B. 在各种场合都可以

C. 仅仅是在一段较长时间的观察、考虑，甚至可能经历了某种困难之后才交朋友的

14. 对你来说，下面哪个是真实的？

A. 我喜欢称赞和夸奖我的朋友

B. 我认为诚实是最重要的，所以我常常不得不持有与众不同的看法，我讨厌鹦鹉学舌

C. 我不奉承但也不批评我的朋友

15. 一位朋友向你吐露了一个非常有趣的个人问题，你的想法是：

A. 尽自己最大努力不让别人知道它

B. 根本没有想过把它传给别人听

C. 当朋友刚离开，你就马上找别人来讨论这个问题

评分标准：

题号/得分/选项	1	2	3	4	5	6	7	8	9	10	11	12	13	14	15
A	1	2	3	3	2	3	3	3	3	3	1	2	2	3	2
B	2	1	1	2	3	2	2	2	1	2	3	3	3	1	3
C	3	3	2	1	1	1	1	1	2	1	2	1	1	2	1

心理透析：

36～45分：你对周围的朋友都很好，你们相处得不错，而且你能够从平凡的生活中得到很多乐趣。你的生活是比较丰富多彩而且充实的，你很可能在朋友中有一定的威信，他们很信任你。总之，你擅长结交朋友，你的人缘很好。

26～35分：你的人缘不怎么好，你和朋友们的关系不牢固，时好时坏，经常处于一种起伏波动的状态。这就表明，一方面你确实想让别人喜欢你，想多交一些朋友，尽管你做出很大努力，但是别人并不一定喜欢你，朋友跟你在一起可能不会感到轻松愉快。你只有认真坚持自己的言行，虚心听取那些逆耳忠言，真诚对待朋友，学会正确地待人接物，你的处境才会改变。

15～25分：这下麻烦了！你可能比较孤僻，不喜欢扎堆儿，而是更享受独来独往。但这不代表着你没有朋友，也不能代表着你不会交朋友，更不代表着你人缘不好。你之所以喜欢独来独往，很大部分原因可能是由于你对社交活动以及人与人之间的关系不感兴趣。然而，你需要记住，要想在社会上生活，必须与他人交往。一旦认识到这一点，相信你很快就会做出改善。

第八章

亲情破纪录：让爱升温，在家中引爆幸福能量

爱需要保鲜，需要用心经营，否则爱也会枯萎。幸福的家庭需要爱，也需要经营。家人之间的相互理解、包容、爱护才会营造幸福的氛围。让我们一起聆听爱的呢喃，共筑爱的巢穴，一起经营幸福的家庭。

爱：家庭的基石、幸福的源泉

爱是每一个家庭幸福的基石，也是每一个人幸福的源泉。我们可以想象，一个没有爱的家庭，生活是索然寡味的，更别说幸福了。一个没有爱的人，陪伴他的只能是黑暗。

爱是一个很温馨的字眼。如果一个家庭中没有爱可言，那么，一旦矛盾出现，家庭生活就会处处不尽如人意。没有爱的家庭，家庭成员之间就不能互相理解，互相体谅。他们往往会因为一些鸡毛蒜皮的小事斤斤计较。收入多的一方往往产生控制对方的思想，贡献多的一方也会时常埋怨对方。在这样争吵不休的家庭中，幸福从何而来呢？

下班的时间到了，其他同事都欢呼雀跃，然而莉莉却怎么也高兴不起来，因为她不想回家。两年前，经过父母和亲人的撮合，莉莉与众人眼中的“金龟婿”刘伟结了婚，但是遗憾的是，他们之间并没有多少爱可言。

时间慢慢流逝，两个人原来薄弱的感情也越来越淡。现在，那个没有爱的家根本不能称作家，没有温暖，没有关爱。莉莉觉得这样的家庭让她很窒息……

家人不是短暂相处，而是要相守一生；家人不同于朋友，不是偶尔相聚，而是要朝夕相处。身份不同、背景不同、地域不同的两个人因为爱结合，然后孕育下一代，共同组成一个家庭。因为爱，人们要共同生活在一个屋檐下，共同面对生活中的苦乐酸甜，这样才能相敬如宾，举案齐眉。如果没有爱的凝聚，一家人如何能团结一心，如何能够相濡以沫，直至终老。

因此，我们常说，爱是一个家庭的基石，要看一个家庭是否牢固，就要看这个家庭是否充满了爱；而要看一个家庭是否有生命力，也要看这个家庭是否充满了爱。爱是幸福的源泉，有了爱，才能执子之手，与子偕老。

男人应该做好“双面胶”

俗话说：“婆媳亲，全家和”。婆媳关系融洽与否直接影响着整个家庭中其他人际关系。

曾经有一个问题几乎难倒了所有的男人：当你的媳妇和你的母亲同时掉到河里，请问你先救哪一个？这个问题永远都没有答案，因为无论媳妇还是母亲都是一个男人生命中最重要的两个人，让自己舍弃谁都是不对的。然而，正是这男人生命中最重要的两个女人之间却时常发生矛盾，有时竟势如水火，形同路人。身兼丈夫和儿子两个角色，男人成为了这场战争的决定性力量。

许多男人来自于传统的封建家庭，虽然接受了现代的科学知识，但依然“孝”字当头，把母亲放在了第一位，而把媳妇放在了第二位，特别是那些从小家境贫寒的人，他们认为父母含辛茹苦把自己养育大，其间的艰难困苦岂是才相处几年的媳妇所能体会的？因此，他们面对父母对媳妇的冷嘲热讽唯唯诺诺，言听计从，当媳妇与母亲之间的矛盾不可调和之时，他们甚至不惜离婚以尽孝道。

下面是一个男人的痛苦心语：

“我是一个司机，结婚三年了，由于长期在外跑运输，顾不上家。妻子带着两岁的儿子和我母亲住在一起。我母亲年纪已大，身体又不好，需要有人照顾，而我跑长途两天三天甚至十天半个月不回家，照顾老人的义务就落在了我妻子身上。我妻子这人很要强也很能干，这个家里里外外都由她一个人撑着，既要照顾老人和孩子，还要种田，非常辛苦。说实在的，我这个做丈夫的觉得很对不起她，很歉疚。但话又说回来，自结婚后没多久，特别是妻子怀孕和孩子出生以后，婆媳之间就时不时为一些鸡毛蒜皮的小事闹矛盾，争吵不休。

“每当我拖着疲惫的身躯回到家时，总想着吃上一口家里的热饭，然后蒙头大睡一场，好好休息一下。可是当热饭刚端上来，还没吃上几口她俩就开始在我面前诉苦，数落对方的不是。她们各说各的理，每次都是说着说着就争吵起来。我真难做，说母亲对，妻子不高兴，说我没良心，不管家。说妻子对，母亲骂我，那话就更多了。每次家里都是战火纷飞。我简直烦透了，饭吃不好，觉睡不香，精神更是累得受不了。有时真想永远不回家，眼不见心不烦。可我做不到，既是母亲的儿子，又是妻子的丈夫，家庭的责任告诉我必须回去。”

自古以来，婆媳关系都是家族关系中较难相处的一环，造成这种现象的根本原因是：婆媳各不相让，相互敌对，婆婆认为“我的儿子”当然该听我的；媳妇则认为“我的丈夫”自然最疼爱我。而作为男人和双方都有着紧密的联系，不敢偏向任何一方。

相互理解，打破婆媳关系的坚冰

婆婆和媳妇是两代人，双方的生活习惯、思维方式肯定存在着差异。因此双方都要理解对方。那么如何理解对方呢？

作为婆婆，不要存在戒备的心理，要像爱自己的儿子一样爱自己的儿媳妇。善待媳妇，其实就是善待儿子。你对媳妇越好，媳妇就可能对你的儿子越好。此外，由于两代人的生活习惯等各不相同，婆婆也要学会适应现代年轻人的生活，不要干涉年轻人的生活。他们的生活方式让他们自己选择。在处理婆媳关系的过程中，一些人常会将媳妇的事情按照自己的行为习惯来处理，因此闹出各种的矛盾：一些人还会遭到媳妇的骂：“谁让你多管闲事来！”“我的事情不用你操心”真是好心做了坏事。所以我们要学会试着给自己的心情放个假，不要事事操心。有时候给双方留一点空间，留一点距离，反而能够更好地相处。正所谓：“距离产生美”，和谐、美好的气氛是需要留有空间来营造的。

相互理解最重要的是学会换位思考，只有换位思考，才会明白对方做出此行为的用意何在。而且在理解的同时，要相互沟通。俗话说：“隔层肚皮隔座山”，只有沟通了才能做到真正的相互理解。沟通可以拉近双方的心理距离，可以缩小地位差异，也可以填埋两代之间的沟壑。因此作为长辈，婆婆要经常主动与儿媳聊天，既要向儿媳讲述自己的人生经验和感悟，也要倾听儿媳吐露的心声。通过交流，双方增进了解，也就更容易相互理解了。

打破婆媳关系的坚冰，筹码要压在两人身上。良好的婆媳关系，需要双方的努力。双方都要相互理解，“你让我一尺，我敬你一丈”在这一让一敬中达到双方的和谐。

走进孩子内心，发掘孩子的优点

孩子的内心世界就像一个藏满秘密的盒子。如果父母懂得有效地和孩子沟通，就能走进孩子的内心世界，发掘并欣赏孩子身上的优点，帮助孩子改正自己的缺点，那么孩子就会变得越来越好；而作为父母，如果不能走进孩子的内心世界，只是看到孩子的缺点，没有了解到孩子的想法，一个劲地抱怨孩子这不好、那不好，那么孩子只会在父母的抱怨声中越来越糟、越来越没有自信，最后真的成为差劲的人。

但是在现实生活中，父母总是在用放大镜寻找孩子身上的缺点，而用像针眼一样小的孔来寻找孩子的优点。与此同时，一些家长还惯于拿孩子的缺点同其他孩子的优点相比较，常常说别人的孩子怎么好、怎么争气，而自己的孩子，总是“千疮百孔”，一无是处。也许家长这样做的初衷是好的，希望自己的孩子可以认识到自己的缺点，并加以改正；但是他们这种教育孩子的方式我却不敢苟同。很多心理学家研究发现优秀的孩子是夸出来的，即使孩子身上有什么缺点，做父母的也应该委婉地告诉孩子，用孩子不会排斥的方式教育他们，而不是一味地指责和教训孩子。

之所以有些家长会犯上文中教育孩子的错误，往往是因为父母没有真正走进孩子的内心世界，也因此看不到孩子所具备的优点，看不到孩子为什么会有那样的缺点，更看不到孩子的一些潜能。其实，每一个孩子都是需要鼓励的，父母只有发现并肯定孩子的优点，才能让孩子在自信中成长。即便是面对所谓的“坏”孩子，也要竭力去寻找他们身上的闪光点，哪怕这个闪光点是沙里淘金，是微不足道的，都需要父母发自真心地去赞扬、鼓励和肯定这个闪光点，让这个闪光点可以不断放大。

小明是个聪明的男孩，但就是很调皮而且还好动，经常将家里的东西弄得乱七八糟的。这一天，妈妈刚刚回家，就听到爸爸正在生气地指责小明：“你怎么把家里搞成这样，赶紧收拾去，收拾不完你就别吃饭了！”说到气头上，爸爸又将平日小明的其他缺点也搬了出来：“看看你，不是粗心，就是好吃懒做，你说说你有哪点好啊？”妈妈瞧瞧小明，正满不在乎地嘟着嘴，满脸的不服气和不情愿。为了缓和僵局，妈妈若有所思地说道：“小明其实也是一个乖孩子，知道了错误就要改正，只要改正了就是个好孩子！”爸爸一听，马上就知道妈妈的用意，于是也配合着说：“是呀，我家小明可乖了，是个乐于助人的好孩子。”妈妈接着说：“不对，我家小明还爱劳动呢，是吧，小明？”小明本来以为妈妈也会批评自己，谁知竟然夸奖自己。他被爸爸妈妈夸得都有些不好意思了！于是，开始积极收拾起屋子来，并且渐渐地把那些坏毛病也改掉了。

从上面的这个例子中，我们知道了不能一味地抓住孩子的缺点不放，要通过表扬孩子的优点，让孩子在表扬中认识自我、增强自信。

每一个渐渐长大的孩子，如果父母能发现他们身上的优点，并且加以表扬，那么这个孩子就会认为自己是优秀的；但如果父母老是揪住孩子的缺点加以指责，甚至奚落，那么渐渐地这个孩子也会认为自己是一个坏孩子，进而会产生自卑的心理，从此萎靡不振。

其实，并不是所有的父母都是拿孩子的缺点说事儿，很多父母也想表扬孩子，但往往觉得找不到值得表扬的优点。

> 朱女士一说起自己的儿子就很恼火，因为她的儿子在学校上课时总爱搞小动作，捉弄同桌的女生，下课就会和同学打架，还顶撞老师。朱女士最怕的事情就是接儿子班主任的电话。因为一接就证明儿子又闯祸了。朱女士很苦恼："我对孩子原来的期望很高，可是现在……看看别人家的孩子都这么优秀，我都快要绝望了。"据了解，朱女士的工作压力很大，很多时候都会把工作中的烦恼情绪带回家，回家后如果看到孩子不好好学习，就会忍不住冲儿子发火。每次和儿子的对话也都是："作业完成没？""今天，老师批评了没？"……

难道优秀的孩子总是别人家的吗？其实自己孩子的身上也有很多的优点。只要父母用点心，就会发现孩子身上的优点。父母需要用放大镜去观察孩子，这样才能全面地认清孩子身上所具有的优点，才会注意到平时自己忽略了的东西，比如，孩子的笑容是那么可爱，孩子竟会有那么滑稽的动作，孩子的想象力竟然那么丰富……父母要善于发现和表扬孩子的优点，而不是不断地挖掘他的缺点。而且父母还要学会透过孩子的缺点来挖掘他的优点，比如，有的孩子爱跑、爱闹，总是爬梯上高给我们家长造成困扰，那么我们就要看到这也代表孩子身体强壮，富有运动天赋；有的孩子喜欢冒险，天不怕地不怕，常常有一些荒谬的想法或者行为，那么我们就要看到这个孩子很勇敢、有大无畏的精神；有的孩子好动、调皮，时不时地打破家里的花瓶、水缸，那么我们就要看到他性格中天真、阳光的一面。

有这样一句话："成功父母与失败父母的区别是，前者将孩子对的东西挑出来，把他的优点挑出来；而不明智的父母，一眼就看到孩子的缺点。"如果你想要做一个成功的父母，那么就先从发现孩子身上的优点做起吧！

难关面前，用爱点燃希望

婚姻生活中我们难免会遇到各种各样的问题，比如工作的压力过大、生活中情绪的低落、亲人的健康出现问题以及意外的发生……生活中的苦难随时会接踵而至，而在这些困难来临之时，在我们最彷徨无助的时候，是爱点亮了我们心中的那片光明，给了我们战胜一切苦难的希望和力量。

李阳和陈琳是一对刚大学毕业的新夫妻，刚度完蜜月他们就来到了上海这座大城市。到上海这座城市生活是他们多年来的梦想。李阳原来就在上海的一家台资企业打工，月薪不高，每个月仅仅三千块。他们扛着大包小包来到了这座人山人海的城市。

他们是和李阳的一个同事合租的。等一切安顿好之后，接下来的重点就是陈琳的工作。在上海找工作其实很不容易，尤其是像陈琳这样一个在二流大学毕业的普通本科毕业生，加上也没有多少工作经验，更别说什么社会经验了。一开始工作很难找，陈琳的心情很不好，但是日子还是要过的，陈琳每天负责给李阳做饭，除此之外就是在各大网站投简历。但是简历已经投出去半个月了，还是没有音信，陈琳的情绪很低落，日子在精打细算地过着。

这一天，陈琳照样去一家公司面试，这是一家私营企业，陈琳在面试前已经查了有关的资料，对这个公司基本了解。陈琳学的是设计专业，且在上学期间也搞过不少设计方案，因此她对于得到这份工作还是蛮有信心的。陈琳提前十分钟来到这家公司，接着例行公事地填了一张面试单，后来前台将她领进一个会议室，面试她的一个主考官是一位瘦瘦高高的青年人，操着一口的闽南话，年龄也不大，大概三十岁。像前几家面试单位一样，这位主考官也是问了一些基本的信息，诸如“在哪个大学毕业”“对本公司有什么看法”“对薪资待遇有何要求”之类的。随后，面试官很和气地对陈琳说：“你的基本情况我们已经了解，待一周后通知你结果。”陈琳本以为这次的面试一定会成功的，因为看起来那位主考官对自己很感兴趣，结果苦苦等来的结果竟然是：“因为公司正处于调整阶段，所以暂时取消招聘人员的计划，如果今后有机会的话一定会通知你的。”陈琳知道这次又无望了。前些天投出去的简历又是石沉大海，杳无音讯。

这天，李阳出奇的没有加班，他知道陈琳最近心情不好，所以无论在物质上还是精神上都给予陈琳鼓励，这天他为陈琳带了一份肯德基回去，陈琳见到老公手中的肯德基，不由得哭了：虽然自己在大学期间也经常吃肯德基，但是自从来到上海，他们的日子过得确实不是很好，她也知道李阳很是节俭，从不舍得乱花一分钱。每次也不在外头买东西吃，为了省钱都是回家吃饭。李阳抚摸着陈琳的头：“不用着急，慢慢来，日子会好起来的。”排在长长的找工作队伍中，陈琳感觉自己就像是大城市里的一只蚂蚁，那么的弱不禁风，每当一次次的面试失败，李阳都会给他发一条短信：“会有机会的，不要灰心！”虽然每次都是那么短短的几句，却让陈琳从中感受到丈夫的无限关心。上海是一个容易产生漂泊感的城市，但是陈琳感到自己很幸运，因为她有一个温暖的肩膀可以依靠。李阳是一个性格活泼的人，虽然日子过得很紧张，但是总能通过各种途径为陈琳寻找乐趣。如今，陈琳的工作已经有了着落，正是由于李阳的爱，让她能够在这座城市坚强地走下去。生活并不是一帆风顺的，狂风暴雨可能会随时降临。只有用爱才能抵住生活中的一些风吹浪打。

我们从上面的例子中或许也得到了不少的启示：爱是生活中的指明灯，他会照亮前方黑暗的路；爱是一剂良药，他会让你精神焕发，重新振作起来。

缓解婚姻危机，破解感情坚冰

随着爱情渐渐退烧，家庭琐事的烦扰，彼此新鲜感和包容的降低，夫妻双方容易相互厌倦，并将目光移向其他，这样就导致了婚姻危机的出现。

我们知道婚姻有“七年之痒”。也许现在更短，甚至是3年。当现实中婚姻受到这样或那样的冲击的时候，当双方的关系变得磕磕碰碰的时候，也许首先想到的便是离婚，但是离婚又绝非我们想象得那么简单，而且离婚也不能真正解决问题，只会让双方都受到伤害。

尽管赵女士已经40岁了，但青春依在，即使她不出门时也要化个淡妆。当老板的丈夫好像被她俘获了，几乎没有什么绯闻。其实，赵女士也遇到过婚姻危机。

结婚前，赵女士也有自己的工作，结婚后很快有了孩子，丈夫是个小老板，工作忙，并且不缺她挣的那点钱，于是，赵女士便辞去了工作，专心相夫教子。几年间，赵女士只想着照顾好丈夫、孩子，完全忽略了自己的形象。后来，她发觉丈夫变了，有时深夜回来，身上还带着女人的香味。赵女士很清楚这意味着什么，但她也很冷静。

有几次，她悄悄跟随丈夫，看他到底跟什么女人在一起。每次看到的都是那个打扮时尚、年轻漂亮的女孩子。当她回到家，站在镜子前时，一眼就看到了自己与人家的差距。从那天起，她开始到美容院塑造身材、学习美容，跟着名厨学烹饪。

慢慢地，她变得越来越年轻，丈夫也不由得多看她两眼；她做的菜也越来越可口，丈夫回家吃饭的次数越来越多了，他们的关系也越来越好，即使如此，赵女士至今也没有松懈。

在充满形形色色诱惑和浮躁的社会中，很多夫妻都经历过婚姻危机的困扰。婚姻危机给当事人心理上带来的伤害往往是非常大的。造成婚姻危机的原因有多种，比如习惯问题、沟通问题、经济问题、性生活问题、子女问题、忠贞问题等，其中尤以搞婚外情，招致“第三者”插足对婚姻的破坏最大。

从心理学角度看，婚姻发生裂变是有原因的。

首先，婚姻关系在经历了甜蜜的温存期后，逐步进入情感生活的调整期，伴随着一系列的心理变化和感情摩擦，生活逐步进入程式化，然后感觉生活单调、乏味，这是夫妻感情发生危机的信号。

其次，在有了孩子后，妻子一般都把精力放在照顾孩子上，忽视了丈夫的需要和感受。而男性并没有因为孩子的降生而减少对妻子的要求和期望，他们面对被忽视、缺乏关心和爱的家庭生活，容易产生不满和愤怒情绪。由于双方的感受和投入不相协调，也容易出现婚姻危机。

夫妻关系出现不和谐，不是双方某些特质上的差异，而是缺乏增进感情、处理分歧的方法。那些婚姻和谐的家庭，无一不是夫妻精心培育感情的结果，如上班前的一个吻，下班回来的一杯水，都会使家庭充满温馨。

夫妻就像围棋里的黑白世界、太极图里的黑白两极，既自成体系又相互渗透。夫妻相处的过程就是不断平衡、彼此融合、相互接纳的过程。生活中的磕磕碰碰在所难免，关键是面对矛盾是否有适当的方式来调节、适应和化解。

那么，应该如何调适婚姻危机呢？

第一，不要追究婚姻中的是与非。

第二，不要用婚外情来转移婚姻危机。

破纪录修炼

家庭游戏

游戏1：活跃家庭的气氛的小游戏

平时节假日休息的时候，可以和家人玩一些小游戏活跃家庭的气氛。下面的这个跳上石头过河的游戏就不错。

游戏准备：

人数：不限。

时间：不限。

场地：室外。

材料：粉笔。

游戏步骤：

1. 在场地画两条10～15米平行线，中间为河道，线外为河岸。在河道里有大小不同的两组圆圈作为石块（两组圆圈大小，距离位置相反）。

2. 把家庭成员分成人数相等的两队，各队再分两组成纵队面对面分别站在两端平行线后。

3. 先由各队第一个人开始跳，从一块石头跳到另一块石头，跳到对岸后与第一个人拍手，对岸第一人跳回，如此进行，最后以先跳完的队为胜。踏跳时，脚必须落在圈内，否则退后重跳。一个人必须被拍后，方可进行跳跃。

游戏中所画圆圈的大小及多少，可根据各成员的跳跃能力决定。游戏成员之间相互协助，相互扶持，才能顺利完成游戏。不管普通人之间还是感情紧密的亲人之间，相互帮助都是必要的。帮助不仅让人与人之间的关系更加亲密，也能消除人们之间不信任的心理。

游戏2：夫妻划船

这是一个增进夫妻感情的游戏。

游戏准备：

人数：不限。

时间：不限。

场地：室外。

材料：粉笔。

游戏步骤：

1. 在场上画两条相距10米左右的起点线和终点线。

2. 两人面对面互相坐在对方伸出的脚面上，并抓抱住对方的两臂，形成小船状，排在起点线以外。

3. 主持人发出口令后，各只“小船”在前后摆动时，交替移动两人的双脚，让“小船”向前行进。到终点线处，“船头”变“船尾”，向起点线“划”去。划船时臀部不得离开对方的脚面。

4. 先划到起点者为胜。最后划到的一对表演节目。

此游戏需要夫妻之间的密切配合。夫妻之间的配合与朋友之间、同事之间或者陌生人之间的协作是不同的。因为彼此之间本身就很熟悉，在心灵上有一定的默契，夫妻之间的配合更容易产生互动性。所以，在配合过程中，只要把心态放平，把握住时间，就能很好地掌控全局。

第九章

工作破纪录：寻求突破，你就能玩转职场

职场这个地方，现实、残酷、竞争激烈。在这种地方，在激烈的竞争状态下，人们很容易就会迷失自我，忘记自己是谁，忘记自己在职场中努力奋斗的真正目的。这样一来，奋斗的目的变成了奋斗本身，人们也就迷失了前进的方向。只有保持清醒，我们才能做正确的事，赢得上司的信任，获取晋升的机会；只有保持清醒，才能始终走在正确的道路上，朝着心中的理想飞奔……

破解职场人士的六大迷思

俗话说，当局者迷，旁观者清。职场是一个复杂而又残酷的地方，身在其中的人们往往难以认清自己，更看不清职场的本质。因此，无数的职场人士变得迷茫、无助，甚至迷失自己，忘记自己进入职场时的初衷。现在，让我们一起来破解职场当中那些最常见的迷思，共同认清自己，认清职场这个让人又爱又恨的地方。

1. 迷思一：职场毫无公平可言

很多刚从学校毕业开始工作的人，都相信职场中有绝对的公平，因为他们相信未来掌握在自己的手中，只要努力就可以。然后一段时间之后，他们饱尝了社会的现实和职场的残酷，便开始赌咒发誓："所谓的职场，便是一个毫无公平可言的地方!"

事实上，世界上的任何东西都绝少有纯粹的黑与白，比纯黑与纯白更加普遍存在的是灰色，无论是深灰还是浅灰，灰就是灰。职场也是如此。让职场绝对公平，这确实是一个过于天真的梦想，但职场也绝不是一个完全没有公平可言的地方，这方面的不公平也许会换来那方面的公平。关键就在于，千万不要把"不公平"这句话时常挂在嘴边，因为那样会让人觉得你是一个不知好歹，而且只知道抱怨的人。

2. 迷思二：工作就是等任务

很多职场人士有一个认识误区，即"工作就是不断完成领导交代的任务"，在他们眼中，把任务完成好了，就能获得晋升。然而工作不是玩网游，玩网游只要做任务就能升级，但在工作中，只做到这些却是远远不够的。

这种看起来很有道理的想法之所以不成立，是因为他们忽略了一个事实：公司是老板的公司，他不会亏待任何一个真心为了公司着想的员工。即便你完成了老板交代的每一项任务，但你周围有人比你做得更多的话，老板一定会更加看重那个人，哪怕他的行为多少有些“越权”的嫌疑。

这是一个很浅显的道理，懂得了这个道理，我们就可以知道：只要认定了某件我们需要做的事，就应立刻采取行动，而不必等老板做出交代。我们要想做优秀的员工，要想在职场取得成功，就不能总是以“老板没交代”为由来逃避责任。当额外的工作出现时，我们不妨把它看成一种机遇，我们所要做的只是积极地伸出手去抓住机遇。

3. 迷思三：职位的高低决定一切

“你瞧我的工作吧，是全公司最低级的，真没劲！”

“唉，我也一样，所有人都在我头上，工作真是没一点乐趣！”

相信很多职场中人都对这样的对话不陌生，事实上，无数刚刚步入职场的人，甚至一些已经有了不少工作经验的人，都会产生类似的心态。在工作岗位中，自己是个毫不起眼的“小人物”，优秀没人看得见，真可谓“英雄无用武之地”。看着上司的潇洒，我们会油然产生一种嫉妒——“我凭什么就不能坐到那个位置？”

其实，对于职场人士来说，职位的高低决定一切的心态确实有些过于浮躁。事实上，“低就”不一定就低人一等。如果总是对令人羡慕的岗位念念不忘，抱怨自己的岗位太低，那么永远也得不到领导的信任。因为，领导需要的不是一个“爱抱怨、爱撒娇”的下属。

当然，想要忘记岗位的高低，摆脱其他职位对自己的诱惑，那么每天早晨，你必须对自己下决心：在职务上做得更好些，较昨天有所进步；而晚上离开办公室、工厂或其他工作场所时，一切都应安排得比昨天更好。这样做下去，你的心态就不会出现明显波动，业务上必定有惊人的成就。当你的工作能力达到一般人难以企及的程度时，你会发现，过去的那些愿景离自己越来越近了。

4. 迷思四：职场是否就是走一步看一步

你拥有一个远大的理想，同时，你还有一颗足够坚强的心脏，为了理想，为了成功，你可以不惜一切代价。但是，只有这些就足够了吗?

远远不够。这些只是你走向成功的硬件基础而已。稍微懂点计算机的人都知道，没有软件来驱动的硬件就只是一个死零件而已。能够驱动你的硬件，让你走上成功之路的，是系统而合理的职业生涯规划。要想在职场当中有所成就，远不是走一步看一步那么简单。

5. 迷思五：大企业才有大前途

大企业还是小公司？也许你会问，这有什么可纠结的？有机会的话，当然要进大企业啊，大企业才有大前途嘛！

每一个职场人都想拥有一份适合自己的好工作。但是这个“好”本身就没有一个明确的概念和范围，对于不同的人来说，“好”和“坏”也并不是通用的。因此，究竟你是更适合、更喜欢在大企业当中做一份稳定的工作，还是更愿意、更有勇气在小公司里面努力奋斗，挑战自我，就只能靠你自己去权衡，去规划了。

6. 迷思六：我究竟为谁工作?

“我究竟为谁工作?”不论是在职场打拼多年的老手，还是刚刚迈入企业的新人，我们有没有仔细考虑过这样一个问题——我究竟为谁工作？如果弄不清这个问题，就很难调整好自己的心态，很难利用好自己的青春时光去做出一番事业，实现自己的梦想。

那么，我们究竟为谁工作？答案很明显，我们是为自己而工作。

突破职业心理障碍

职业是“人们维持生计、承担社会分工角色、发挥社会个性才能的一种连续进行的社会活动”。人们通过参与社会分工，利用专门的知识和技能，为社会创造物质财富和精神财富。随着社会竞争的加剧和工作节奏的不断加快，职业心理疾病正在影响着越来越多的人。职业心理障碍是指人们在职业生涯中认知到了威胁或无法应对的情况而产生的心理和生理状况。伴随着职业心理障碍出现的工作绩效变化是其最主要的后果。

当你在职场中意识到威胁和挑战的时候，你的身体就会让你体验什么叫作职业心理障碍。而职业心理障碍诱发因素是指带来职业心理障碍的外部或者内部力量。

职业心理障碍的症状和后果可以分为4个大类：生理、心理、行为和工作绩效。伴随职业心理障碍而出现的工作绩效变化是其他症状和后果的副产品。

职业心理障碍所造成的生理反应主要有心率加快、血压升高、血糖增多、血黏度增加。持续的职业心理障碍还会弱化免疫系统，这样，人们就容易得病。

职业心理障碍的心理症状有很多种类。主要的积极后果是警觉性和认知能力有所提高，而同时会产生更多的负面后果，包括紧张、焦虑、情绪低落、烦躁、抱怨、疲劳、绝望以及各种防御性的想法和行为。高强度的长期职业心理障碍还会让人心智紊乱。

职业心理障碍导致的频发后果有易怒、焦躁以及其他明显的紧张表现，比如饮食习惯的剧烈变化，包括暴饮暴食或者厌食；还有频繁吸烟，咖啡、酒精摄入增多，甚至吸食毒品；精神无法集中、判断经常失误，等等。

做个职场权术高手

职场权术说白了也就是职场生存法则。有人说职场如江湖，要想在职场江湖中生存下去，就需要学习和掌握一些必需的职场权术。职场权术就像是闯荡江湖的武功秘籍，虽然不一定能使你成为天下第一的高手，但至少可以让你能够在江湖中自由自在地行走，也能为你赢得属于你自己的一片天地来。

现在社会竞争压力很大，如何在职场江湖中自我修炼，如何应对外界的环境，怎样与同事、老板、下属之间和睦相处，都离不开正确的职场权术运用。通晓一些职场权术，对于在职场中的人来说，可以更好地提升个人生存空间以及交往能力。

有人也许会说，我初生牛犊不怕虎，才不去学习什么职场权术，我相信我有能力驾驭一切，这样的人就是大错特错了。武侠世界那些闯荡江湖的大侠，哪个不是因为高手们传授的武功秘籍，才最终成就一番事业的。如果没有这些武功秘籍，他们就算再有天赋，也只能还是先前那个普普通通的凡人。不要小看这些职场秘籍，它可是人们的职场生存智慧积累。所以，无论是古时的武侠江湖还是现代职场，都有各自的生存法则。你作为这个职场中的一分子，就必须遵从这些法则，适应这些法则。否则势必会处处碰壁，头破血流，无所适从，甚至还会被清除出局。

身在职场，就会避免不了遇到各种各样的竞争与问题，有时可能是暗流涌动，有时也有可能变成了明枪明炮。学会了职场权术，便可以收发自如地应对各种可能情况的发生。职场风云瞬息万变，你无害人之心，却难保不会遇到喜欢害人的小人。掌握了职场权术，就等于有了防身之术，关键时刻不仅能保护自己的安全，还能巧妙击败对手，何乐而不为呢？

掌握了职场权术，也就是掌握了职场中的圆通之术，明白了处理各种复杂人际关系的方法。掌握了职场权术，犹如身怀绝技行走江湖，定能在职场的打拼中所向披靡，游刃有余，为自己的未来打下一片广阔的天地来。当然，有时难免还会遇到险情，但运用好职场权术，就可以使你逢凶化吉，使事情向着有利于自己的一面转化。

心怀感恩，跟随你的伯乐前进

在职场中，那些帮助我们快速成长的人就是我们的贵人。他们不但像伯乐一样能够发现提携我们，还能帮助我们尽快熟悉手上的工作，快速成长起来。

职场就像一所大学，找到好的老板就是找到了好的导师。只有这样，我们才能少走一些弯路，成长得快一点。

一个好的老板，会给我们信心，会给我们经验，会让我们离成功更近一步。职场中，我们不要认为哪个公司规模大，企业发展快，就一定有好的老板。选择老板，不是看他怎么样，而是看他对你怎么样。如果老板器重你，能够及时发现你的潜能，让你在最合适的位置去做合适的工作，那么，他就是你的好老板。不管公司规模怎样，只要你能和老板发展好关系，老板愿意重用你，这样的老板就是一位好的伯乐，就是你值得感恩的贵人。

如果能在一家公司展现出自己的才能，就不要轻易选择离开，应该珍惜赏识我们的伯乐。只有这样，才能走出一条正确的路。

司徒亮来深圳工作已经一年了，在这一年的时间里，他换了三家单位。毕业之后，司徒亮先是应聘到市里一家比较大的上市公司，成为一名工程师。

这家公司的老板表情冷漠，总跟别人欠他几百万一样。这位老板还喜欢听下属的阿谀奉承，可司徒亮却非常不喜欢阿谀逢迎别人。虽然司徒亮每天都能按时完成老板交代的工作，可没过多久，他就被老板炒了。

司徒亮只得再去找工作，这次他把目光放到了工资上，哪家公司给的工资高，就去哪里应聘。后来，司徒亮应聘来到一家不知名的公司。

工作两个月之后，司徒亮被老板提升为主管，让他管理刚招进来的几名新员工。老板说，对待这几名员工，可以采取比较严厉的方式，如果他们在工作中出了问题，就可以扣他们的工资。这几名新来的员工技术果然跟不上，司徒亮只能扣他们的工资，到了月底，新员工的工资竟被扣光了。新员工气不过，就在背地里骂司徒亮，说他是老板的走狗。这时，司徒亮才发现自己根本就不会管理，而且也不会用人，索性就辞职不干了。

成为无业游民的司徒亮不得不再去找工作。这次的老板什么都好，就是不愿意听下属的意见。老板的独断专行，让司徒亮损失了很多客户。

无奈之下，司徒亮又想到了跳槽。这时，他的朋友劝他说："你不要总是为了工作而找工作，你应该找一个好老板，好工作是很好找的，好老板却是很难找到的。"司徒亮顿时才恍然大悟。

好老板是人生奋斗的加速器，跟对老板，才能激发起我们的工作激情。找到好老板，带着感恩的心情，跟随你的伯乐一起前进，相信定能迎来光辉灿烂的明天。

平凡的岗位上做到不平庸

一个事业有成的人曾经说过："一个人，要想做大事，首先要从平凡的小事做起；只有把每一件小事做好了，才会有做大事的基础。"不错，那些能够成就大事的人，往往都是从平凡的小事做起的。可是有很多年轻人，往往瞧不起那些平凡的工作，总想一步登天，恨不得一开始工作就能达到事业的顶峰。拥有这样的想法是不对的，想要取得成功就需要一步一个脚印地向前走，就要有从小事做起的思想准备。古人也曾说过，"一屋不扫，何以扫天下？"一个连平凡的小事都不想做、做不来的人，又怎么能担当起大事呢？

很多刚刚踏入社会的年轻人，总是因为老板把自己分配到平凡的岗位上而愤愤不平，也没有心情好好工作。其实，作为工作经验不足的年轻人，谁也不知道你到底能胜任什么样的工作。作为领导，自然不会马上就把重要的任务交给你去做。你需要从小事慢慢做起，在不断的实践中学习、成长。只有当你的职业能力得到了别人的认可，你才会有机会有新的发展。如果你总是认为让你办的事情太小、太平凡，从而敷衍了事，那么你的职业生涯可能永远也不会有大的进展。因为你在工作上的马虎和粗心，会让领导认为你连最基本的小事都做不好，那么他又如何放心把重要的任务交给你呢？

海尔董事局主席张瑞敏曾经说过："把每一件简单的事做好就是不简单，把每一件平凡的事做好就是不平凡。"的确，一个优秀的人即使在平淡的岗位上也能做出不平凡的成绩。平凡的工作岗位对于真正的人才是一种考验，也是一种锻炼。假如要一个人把一间办公室的玻璃擦得干净明亮，于他而言并非难事；可是如果要他每天都坚持把玻璃擦得那么光亮，就相当考验他的耐心和毅力了。这就犹如你每天面对的工作，有句话叫作干一行厌一行，说的就是长期从事一项工作难免会让人生出厌烦之感，尤其是面对一些简单平凡的工作时。可是如果能把这些平凡的小事一直坚持着做到最好，也是一种成功。

在一家公司里做文员的李小姐常说的一句话就是："检验工作的唯一标准就是你做得好不好，而不是别的。"因为有很多人谈及她的工作时，都会无比惋惜地感叹一句："你一个名牌大学的毕业生怎么就做这些打印文件、整理资料的小事情呢?"正如人们所说，她每天的工作内容就是整理、撰写、打印材料。她的这项工作在别人眼里是乏味、无聊甚至是没有前途的，可是李小姐却有着自己的想法。

虽然每天都要做着这些重复的工作，李小姐依然保持着严谨认真的工作态度。工作的时间一久，她竟然从文件中发现了不少问题。于是除了日常的工作内容外，她一有时间便收集一些资料，甚至把一些过期的资料都拿来仔细研究。后来，她把这些资料整理分类，经过详细分析之后，给老板写了一份建议书，把自己的分析结果和所需的证明资料都递到了老板那里。

她的这一举动引起了老板的注意。起初，老板还有些责怪她自作主张，认为她是故意彰显自己的本事。可是后来老板发现她提的建议都十分细致入微，分析也有理有据。老板渐渐对这个文员刮目相看，他想不到一个小小的文员竟然有这么缜密的心思。

李小姐提出的很多建议最后都被采纳了，她也不再是公司里的小文员。

她被调到老板的办公室做了助理，成为老板最得力的助手。

由此可见，不管处在什么样的工作岗位上，只要你在工作中出色，就一定有出头上升的机会。所以，初入职场的年轻人不要太看重公司里职位的高低，先把自己的本职工作做好最重要。在一家企业里，每个人都有着不同的分工，有的人负责比较重要的工作，而有的人就要负责一些比较琐碎、容易被人忽视的工作。可是不管怎样分工，你都要好好工作，不能因为自己做着不被人重视的工作就自暴自弃，对未来失去信心。其实有时候，越是在不显眼的位置上，越能做出成绩。只要你能好好地表现，自然能够收获成功的果实。

其实在职场生活中，很多人往往会忽视掉一些不起眼的小事。有的人更认为做事情只有从大处做起，才能显示出自己的实力，才能做出一番轰轰烈烈的事业。于是，有的人，尤其是一些年轻气盛的年轻人，从来不把那些微不足道的小事情放在眼里，总觉得自己既有才华又有能力，应该去做更重要的事情。所以便有了那么多的人抱怨英雄无用武之地，并且逐渐失去了对工作的热情和追求。

要知道，所有的非凡都是由平凡开始的，由无数个平凡造就的。只要你把平凡的工作做到了极致，把简单的事情做到了完美，那么你就能够在平凡的岗位上做出不平凡的成绩。

学会推销，把自己售个高价

在市场经济环境下，我们的劳动带有一定的商品属性，具有一定的市场价格，也就是说我们具有一定的身价。好比同样是给人打工，拿到MBA的员工年薪动不动就是数十万甚至上百万元，而只有初中文化水平又没什么专业技术的农民工工资不过一月千余元，甚至低过当地最低工资线。职业无贵贱，但收入是有贵贱的，同样是打工，收入却可谓天壤之别。不同的人具有不同的劳动能力，能给企业带来不等量的财富，因而有了各自不同的身价。所以，我们要做的第一件事情就是提高自己的能力，提升自己的身价。

在水煮三国系列里，作者把三国当作三家不同的企业，讲述了一个个精彩的职场故事，其中的一个故事就是关于诸葛亮自我推销与成功求职的，对我们多少有些启示。

> 三国时期有三家主要的大公司，一家是实力雄厚、人才济济的曹魏公司，一家是祖业殷实、地理优势突显的孙吴公司，再一家就是底子薄、实力差的刘蜀公司。在这样一种社会就业环境里，年近而立、身为一介农夫的诸葛亮应该怎样选择呢？
>
> 职场竞争激烈，首先要给自己选择一个恰当的位置和平台。尚在乡下、没有经验的诸葛亮虽然饱读经典，但财大气粗的曹魏公司充斥着大量当世英才，去了也容易被忽视，屈居人下；孙吴公司那里的大都督周公瑾是老板兄长的连襟，且才高气傲，去了也只能受气，不会有出头之日；剩下的选择就是刘蜀公司，公司虽然底子薄、实力差，但有汉室宗亲这个好品牌，企业品牌的扩张力很强，而且刘备手下只有两个大腕级的兄弟帮着打理事务，资源和人力严重不足，正是用人之际。经过再三权衡，综合分析市场现状以及自身的优势与特点后，诸葛亮认为刘蜀公司缺少真正的职业经理人兼策划总监，恰是自己的用武之地。
>
> 找准自己的品牌定位后，接下来的工作便是有的放矢地推销自己，把自己卖个好价钱。诸葛亮采取的是有目的、有步骤的推销方法，这样既有面子，又能得到高薪并且独揽经营大权。他动用了新野地区各大媒体和朋友帮忙，进行了有针对性的全方位包装。先是做了有水平的时事分析，具有前瞻性地提出了将来天下三分的格局趋势；然后开展口碑营销传播，通过徐庶、水镜先生、孙乾等舆论领袖的影响作用，引起目标人物刘备的关注。此时的刘备正为寻不

着优秀的策划与管理人才而发愁，诸葛亮智慧英明的品牌形象立刻对他产生了强烈的引进欲，尽管企业实力不足。他还是肯花大价钱请诸葛亮。短时间内，诸葛亮瞄准目标，高明且成功地把自己推销了出去。

也许我们没有诸葛亮那么高明，但我们可以学会像他一样给自己一个准确的定位，然后寻找一个合适的自我推销手段。现代社会竞争激烈，对于想要成为人才的我们来说，在职场蛰伏沉淀了多年之后，最需要做的事情就是及时、勇敢地把自己推销出去，卖出一个好价钱，使自己站到一个更高的舞台上，为下一步跳跃打下坚实的基础。

破纪录修炼

职场游戏

游戏1：责任培养

游戏目的：

帮助团队成员建立彼此间的信任感，培养人们的责任心和团队合作精神。

游戏准备：

人数：不限。

时间：40分钟。

场地：一个小型足球场（也可以找一块草地，自己布置）。

材料：2只足球（放掉一些气），口哨1只，不同颜色的眼罩若干。

游戏步骤：

（1）把全体成员平均分成两队，并且两个人组成一对搭档，留出4~5人担任协调员。每对搭档中，一人被蒙上眼睛踢球，他的搭档则负责告诉他朝场内什么方向走，球在哪里，做什么动作。

（2）让两个小组用投掷硬币的方法选择场地。场地确定好后，把两个足球放在场地中间，每个队一个球，然后吹哨，开始游戏。比赛一共进行10分钟，中间休息，交换场地。

(3) 负责指挥的队员不允许碰撞自己的同伴，只能通过语言表达指令。每个队踢进对方球门一球得一分。不允许把球踢向空中，在任何时候，球都应在地面上滚动。进球多的球队即为获胜队。

游戏2：报数

游戏目的：

(1) 通过竞争提高团队的工作效率。

(2) 培养人们的责任心。

游戏准备：

人数：不限。

时间：30~60分钟。

场地：不限。

材料：秒表、白板、笔。

游戏步骤：

(1) 在两分钟之内将所有参与者平均分成两组。

(2) 挑选男女队长各一名，组织团队进行比赛（队长不参加比赛。）

(3) 教练要求队长宣誓，问三个问题："有没有信心战胜对手""如果失败，敢不敢于面对队员的指责""如果失败，愿不愿意承担由此所带来的一切责任"。

教练宣布比赛规则：

(1) 全队参与者进行报数，速度越快越好。

(2) 分别进行8轮比赛，每轮比赛间隔休息3分钟、2分钟（2次）、1分半钟（2次）、1分钟（2次）。

(3) 每轮比赛进行奖惩。输者，由队长率领队员向对方表示诚服，并对对方队员说："愿赌服输，恭喜你们！"并由男女队长做俯卧撑10次，如果以后再输，俯卧撑的次数将会成倍递增。赢者，全队将哈哈大笑，以示胜利。

(4) 将每轮比赛的结果记录在白板上。

游戏结束，诵读一篇散文，让参与者放松心情。

相关讨论：

谈谈责任心的重要性?

自己做的事，自己要勇于承担。同时，坚持到底体现了人们的责任心。一个没有责任心的人，最终只能是一事无成。有了责任心，人们之间也会多一些信任和鼓励。一个拥有责任心的团队，是一个有强大生命力的团队。他们把团队的任务当成自己的任务，尽自己所能做事，从而提高团队的竞争力。

游戏3：怪兽

游戏目的：

这个游戏可以发挥团队成员的创意，加强团队合作。

游戏准备：

人数：不限。

时间：5～10分钟。

场地：空地。

材料：无。

游戏步骤：

(1) 首先将人们分成若干组，每组12人左右。

(2) 团队成员要用自己的身体创造出一只怪兽，这只怪兽有11只脚和4只手在地上。

(3) 全体人员必须连接在一起成为一个整体。

相关讨论：

大家用什么方法达成共识?

你认为最有创意的地方在哪里?

在操作过程中，如何进行分工与合作?

人们要根据社会的要求，随时调整自己的意识和行为，使之更符合社会规范。要摆正个人与集体、个人与社会的关系，正确对待个人得失。这样，就可以避免心理失衡。人们只有正确认识到个人与集体的关系，以及团体协作对整个团体的重要性，才能坦然面对生活的得失。

第十章

健康破纪录：突破亚健康，实现真健康

有了健康，才能拥有幸福的生活；有了健康，才会拥有充满阳光的世界；有了健康，才会拥有一份灿烂与辉煌，拥有一份潇洒与风流。健康是福，生命是根。善待身体，突破亚健康，拥有真健康！

壮志凌云，需有一个健康的体魄

我们永远有机会成为我们想要成为的某种或者某类人，但首先我们必须成为一个身心健康的人。道理很简单，有健康才有未来，否则一切白搭。据说天堂里什么都有，但是那是一个万不得已，谁都不想进去的地方。

那么首先，我们来解释一下什么是健康，《辞海》里的解释是：健康是指人体各器官系统发育良好，体质健壮，功能正常，精力充沛，并具有良好劳动效能的状态。通常用人体测量、体格检查和各种生理指标来衡量。然而，20 世纪 70 年代联合国世界卫生组织则明确指出：“健康不但是没有身体缺陷和疾病，还要有完整的生理、心理状态和社会适应能力。”

由此，我们不难总结，真正的健康是指身心俱康，是要求一个人具有健康的身体和愉快正常的心态。这句话里包含了两个方面的指标要求，一是身体要健康，二是心理心态要愉快正常。

至于身体的健康，这个只要大家稍做调整，培养良好的生活习惯，坚持活动锻炼就很容易做到，而即便是有什么疾患，现代医学如此发达，只要配合医生做相关治疗绝大多数人都能恢复如初，然而，心理方面的健康就不那么容易保证了。

这是一个快节奏、高竞争、日新月异的时代，由于社会阅历的扩展和思维方式的变更，在工作、学习、生活、人际关系和自我意识方面，绝大部分人会遭遇心理失衡的现象，尤其是初入社会的职业人，遭遇这种现象的可能性更大，这时候如果不做适度的心理调整，那么就很容易陷入心理疾患的困境。

举一个大众化的例子，现在很多人整天忙忙碌碌，也可谓锦衣玉食，却总是高兴不起来，终日紧锁眉头，忧虑重重，原本觉得很简单而也乐意执行的人生计划，现在总感觉到焦头烂额力不从心，这实际就已经是心理较为不健康的一个体征表现了。心理学家麦灵格说过：“心理健康是指人们对于环境以及人们相互之间具有最高效率及快乐的适应情况。不只是要有效率，也不只是要能有满足之感，或是能愉快地接受生活的变故，而要三者都具备。心理健康的人应能保持平静的情绪，有敏锐的智能，适合于社会环境的行为和愉快的气质。”

可是很多人并不这么认为，觉得自己能吃能睡能呼吸行走，我没感冒没发烧，没闹肚子没胃疼，我这儿活蹦乱跳的，你非得让我关注什么身心健康，这不纯属扯淡吗？而事实就是这样的，古人有句老话说得不错，小心行得万年船！抛却现代社会的快节奏高压力不说，单说生活条件的改善，很多新元素的介入，无形间在改变着我们的生活方式和习惯。以前没有电脑电视，没有快餐便当，人们进行的是一种较为原始的生活模式，空闲时间人们走亲访友，联络感情，也不失为一种心理调解的手段，而现在就不一样了，生活的丰富多彩为我们也带来了很多负面的影响，譬如环境污染、饮食作息紊乱、人际关系淡漠、全球气候转暖、细菌的升级和传播等都在影响着人们的身心健康。而我们毕竟都是血肉之躯，百毒不侵那才属于纯粹扯淡的事情。

没有健康的身体和愉快的心态就等于没有一切，那么，了解了身心健康的重要性后，那些身心健康欠佳的朋友是不是该行动起来了呢？毕竟美好的生活是没有人愿意排斥的。

健康是一生中最大的“本钱”

健康是人类社会永恒的话题。因为健康关系到人们的生活质量、家庭幸福、社会安平。人生有万事，身体健康是万事中的头等大事。

“身体是革命的本钱”，没有健康，那也就谈不上快乐与幸福。健康是福，健康是财富，这是毋庸置疑的。生命不存在，谈何人生？健康不存在，谈何奋斗？健康是生命力的主要源泉，健康是成就事业的先决条件，是工作的原动力，是生活快乐的基础，于社会、家庭、个人都至关重要。因为缺乏身体的条件而不能实现梦想，是人生最痛苦的憾事。

任何成功，都是身心互相配合的结果。运动员是以开发身体潜能为主，但如果没有健康向上的积极心态，没有大脑的聪明灵敏和正确的判断力，就不可能取得成功。同样，以开发人脑潜能为主的思想家、作家、政治家、科学家、教育家、企业管理人员等，如果没有健康的身体，其作为一定有限。

健康是我们一生中最大的“本钱”，健康的重要性无可替代，也无可比拟，人生能获得的最大奖赏，莫过于健康，可以说，健康就是生命，我们要对自己负责——珍惜自己的健康。拥有健康，一切才皆有可能。

英国首相布莱尔从中学时代就活跃在运动场上，他是一个相当出色的校橄榄球队队员，还当过校板球队队长，以后又喜欢上了篮球和网球。布莱尔现在定期游泳、打网球、上健身房。每到周末，布莱尔夫妇就会带着4个孩子到位于伦敦郊外的一座16世纪的古堡，呼吸乡野的新鲜空气。有时，布莱尔一家就在这里同保镖们摆开架势，展开一场别开生面的家庭足球大赛。当他们踢得精疲力竭满身大汗时，又一同跳进露天游泳池游个痛快。布莱尔曾经说，我现在身体的状况和大学刚毕业时一样。

首相的工作非常繁忙，但是布莱尔始终热爱运动。运动不仅让他拥有了健康的身体，也让他尽享生活的情趣。人人都懂得：身体是革命的本钱，可实际上，有多少人为了名为了利为了自己的理想和追求，把身体健康抛在了脑后；又有多少人为了取得某方面的成功不惜用自己的身体作赌注；又有多少人执迷不悟，任欲望无休止地膨胀下去，以致让生命超载。人往往都是这样，只有面临生死抉择的时候才大彻大悟，才感到生命比什么都重要！

健康，会让你精力充沛，充满活力；长寿，会让你有更多的时间可以支配，良好的身体素质使你有足够的生理基础适应繁重的工作，处理复杂的问题，而不必经常因身体不适而烦恼，进而耽误时间。

“外面的世界很精彩”，但只有身体健康的人才能欣赏、参与和享受这种精彩。健康长寿是我们走向成功和卓越的基础和保证。反复提示自己，时常引起注意。身体素质的开发培养非一日之功，它是长期重视的结果。

健康是自然给予我们最公平、最珍贵的礼物，良好的健康状况和随之而来的愉快情绪是保证人生幸福的最好保障。失去了健康，你所拥有的一切都不过是水中月、镜中花，终会随风而逝。

小心身体的预警信号

当生活压力等级升高时，会向身体发出预警信号，比如会出现皮肤发黄、少白头、身体不适等症状，认识这预警信号可以防止你的压力由于升级而变得难以控制。

1. 预警信号1：肌肤出现暗黄、发灰的颜色

你的皮肤是不是常出现以下几种情况，如果出现的话很可能是健康问题。

（1）皮肤油垢。

（2）角质很厚。

（3）色素积蓄。

（4）脸上长斑。

（5）皮肤发黄。

从中医角度来说，肌肤出现暗黄、发灰的颜色，说明脾胃不和。饮食没有规律，营养搭配不合理，这很容易造成脾胃不和、贫血等问题，尤其是在消化不良的情况下，肌肤得不到充足的营养，就会逐渐暗淡、发黄。

肌肤的暗黄是你近段时间繁重压力及体内不良情绪淤积的直接反应。

压力大，肝火就会很旺或郁结，容易形成气血不通，影响面部的血液循环，皮肤自然暗淡无光、变黄或长斑。

2. 预警信号2：指甲出现纵纹

指甲，像一扇小小的窗户，透过它可以看到人体内许多隐藏的东西。选择一个光线充足的地方，伸出你的双手，仔细观察你的指甲，看看是否有以下问题。

（1）你的指甲是否平滑、光洁、半透明？

（2）你的指甲是否呈均匀的淡红色？

（3）你的指甲用手压之褪色变白，松开则迅速返红？

（4）你的指甲上是否鼓起数条横道或竖道？

（5）你的指甲是否出现一条条直纹？

（6）你的指甲上是否有白色出现？

以上6个问题，前3个回答“是”，说明你没有被压力迫害，就算有压力也在你的承受范围内；后3个回答“是”，标志着你的身体已经“亮起了”透支信号灯。

3. 预警信号3：出现少白头

少白头的出现预示着压力的到来，下面看看你是否出现下面的症状。

（1）在你青少年或青年时是否有白头发出现。

（2）最初头发有稀疏散在的少数白发，大多数首先出现在头皮的后部或顶部，夹杂在黑发中呈花白状。

（3）随后，白发可逐渐或突然增多，但不会全部变白。有部分人长时间内白发维持而不增加。

（4）一般无自觉症状。

（5）部分人在诱发因素消除后，白发不知不觉中减少甚至消失。

（6）有些人甚至连胡须都变白。

以上就是有关一些少白头的症状表现知识。如果发现自身有上述的症状出现，一定要及时地进行有效的治疗，以免对身体造成更大的伤害。

少白头，西医称为早老性白发病。这种病在儿童及青年时代尤为频发。少白头分为先天性少白头和后天性少白头。后天性少白头大多是由精神过度紧张所致。

俗话说："愁一愁，白了头。"在日常生活和工作中，我们常会遇到一些不顺心或不能理解的事情，因此会产生愤怒、紧张、烦躁、焦虑、忧郁和沮丧等情绪。这些情绪可能会造成少白头。

4. 预警信号4：眼睛疲劳

你的眼睛是否正在遭受劳累，而你却浑然不知呢？现在通过以下对照，你可以完全知道你的眼睛是否在被施压。

（1）你是否感到眼部灼热，困倦欲睡？

（2）你的眼内是否发痒、干燥、不舒适，眼睑呆滞沉重？

（3）你的视力是否大大减退，甚至看不清楚文字？

（4）你的眼睛是否怕光、流泪和疼痛？

（5）你是否头晕目眩、缺乏食欲，甚至恶心、呕吐？

（6）你是否头痛、消化不良、面部肌肉抽搐？

以上6个问题，有2个或以上回答"是"，就说明你的眼睛正在被侵蚀。现代人在电脑前待的时间越来越长，长时间近距离使用电脑或玩手机，容易导致眼睛疲劳。再加上生活和工作上的压力，使人的精神长期处于紧张状态。所以，眼睛疲劳几乎是每个上班族面临的问题。

劳累工作会让你的身体透支

看看自己是否有以下症状或相似的行为，如果有说明你是一个工作狂，劳累的工作会让你的身体透支。

（1）时时刻刻都在想着工作，即使在家里或者是在社交场合也是如此。

□是　　□否

（2）不愿意向他人授权，控制欲强。

□是　　□否

(3) 忽视生活的其他方面，在他/她的生活中，工作永远排在家庭和私人感情前面。

□是　　　□否

(4) 将生活融入到工作之中，休闲和工作没有界限。

□是　　　□否

(5) 所有的朋友都是工作伙伴

□是　　　□否

(6) 将公司当家，几乎没有休息时间，更别说周末了。

□是　　　□否

(7) 不良坐姿：经常跷二郎腿、低头伏案、座椅与桌子高度不适。

□是　　　□否

(8) 久坐不动：一坐一上午，不喝水、不去洗手间，处于完全忘我状态……

□是　　　□否

(9) 肩膀夹电话，经常一边肩膀夹电话，一边双手敲键盘或者找文件。

□是　　　□否

(10) 习惯性晚睡。

□是　　　□否

虽然在许多人看来工作狂的定义仍是粗略的，但这样一种行为习惯，会带来危害人们的健康问题，比如睡眠问题、体重增加、高血压、焦虑和抑郁等。长此以往，人就会出现营养不良、颈椎病、胃病、痔疮等问题。

最常见的其他症状是肌肉疼痛，主要以颈胸部肌肉为主，但全身其他肌肉群也可受累。严重的胸痛甚至被怀疑为心肌缺血而送入 ICU。其他症状包括抑郁，淋巴结有轻压痛，咽喉痛，注意力不集中，多关节疼痛但无红肿。有严重的头痛。体重增加或减轻，夜间盗汗，神经性厌食，脉搏加快，睡眠障碍。胃肠症状，如上腹部饱满感，腹泻与便秘交替。

在平时的生活和工作中，首先要注重健康的生活方式，要有规律地生活，包括学习、工作、饮食、睡眠、运动等。同时，对负面情绪要正确进行自我调节，特别是面对生活中的应激事件，要学会自我减压，保持身心健康。

让健康从“心”开始

经过研究人员大量实验得出：愉快喜悦的心情会给人以正面的刺激，有益于身体健康；而苦恼消极的情绪会给人以负面影响，导致身体出现各种疾病。人们要想更好地工作与学习，那么心理健康是必须要加以重视的。

心理健康是指在心理、智能以及感情上，在与他人的心理健康不相矛盾的范围内，把个人的心境发展成最好的状态。

我们说一个人是健康的，只有身体上的健康还远远不够，心理的健康也尤为重要。心理的健康程度虽然不像身体健康那样容易被察觉，但是却是不容忽视的。一个不具备健康心理的人即使创造了财富和事业，也不能称之为成功的人。

美国心理学家霍特举过这样一个例子：一天，友人弗雷德感到灰心丧气，没有自信。他通常应付情绪低落的办法是避不见人，直到这种心情消散为止。但不巧的是，这天他要和上司举行重要会议，因此他只能让自己做出很快乐的样子。他在会议上谈笑风生，尽自己最大的努力装成心情愉快的样子。但令他万万没有想到的是，不久他发现自己果真不再抑郁不振了。也许弗雷德并不知道，他无意中采用了心理学研究方面的一项重要新原理：装着有某种心情，往往能帮助他们真的获得这种感受：在困境中有自信心，在不如意时较为快乐。

心理学家艾克曼的实验告诉我们：如果总是想象自己进入某种情境，感受某种情绪，结果这种情绪就会真的到来。如果故意装作愤怒的实验者，由于“角色”的影响，他的心率和体温会上升，愤怒的情绪也会随之光临。心理研究的这个新发现可以帮助我们有效地摆脱坏心情，这种方法我们称之为“心临美境”。

快乐是人生的主题，苦难是人生的必修课，把握现在的幸福，调节并克服不让自己快乐的心绪，做自己情绪的主人，打开心灵的窗户，以积极、乐观、豁达的心态投身于工作和生活，珍爱自己，超越苦难、把握幸福，健康、快乐、积极地过好每一天。做自己最好的心理医生，让自己每天都能有好心情。

别拿生气“赌”健康

中国传统医学认为生气有损健康。从这里我们不难看出，生气对健康的危害是不可忽视的。

经常发脾气的人，肤色容易变深，甚至发黑。同时，由于生气所致毛细血管收缩或痉挛，可能会造成皮肤毛细血管循环障碍，输送至皮肤的各种营养物缺少，于是皮肤变得逐渐干燥、疏松、枯黄、失泽、萎缩、起皱，甚至死亡。

有时生气导致的反常行为会形成对大脑中枢的恶劣刺激，气血上冲，往往导致脑出血；生气时由于心情不能平静，难以入睡，致使神志恍惚，无精打采；生气至极，可使大脑思维突破常规活动，往往做出鲁莽或过激举动，导致打架斗殴，甚至杀人，很多悲剧就是这样发生的。

愤怒就像一股无名的烈火燃烧着你的整个身心，它不能帮你解决任何问题，也会让事情变得更糟。

有一天，陆军部长斯坦顿上将来到林肯总统办公室，充满情绪地对他说，一位少将用侮辱的话指责他偏袒一些人。林肯总统建议他写一封信强烈地回敬那个家伙：“可以狠狠地骂他一顿”。斯坦顿立刻写了一封言辞激烈、语意尖刻的信，然后拿给林肯总统看。

“对了，对了，”林肯总统高声叫好，“要的就是这个，好好地训他一顿，真是写绝了，斯坦顿将军。”但是，当斯坦顿将军把信叠好装进信封时，林肯总统却叫住他，问道：“你要干什么？”“寄出去呀。”斯坦顿将军有些摸不着头脑。“不要胡闹！”林肯总统大声地说：“这封信不能发，快把它扔到炉子里去。凡是生气时候写的信，我都是这么处理的。这封信写得很好，写的时候你已经解气了，现在感觉不是好多了吗？那么，就请你把它烧了，再写第二封信吧。”

林肯总统遇到类似情况时也是这么处理的。他认为，人在憋气的时候，不满的情绪堆在心中是非常有害的，反击回去或发泄给他人，都不是上策。持续的愤怒会变成仇恨，持续的仇恨会让人变得愚蠢。愤怒一旦与愚蠢携手并肩，后悔莫及便会接踵而来。

南北战争接近尾声时，南部的李将军节节败退。林肯总统眼看胜利即将到来，要求部队指挥官米德将军马上乘胜追击，然而米德将军一直犹豫不决，迟迟没有动作，反而花了许多时间和部属召开军事会议，议而不决。等他终于要出兵时，敌军早已逃之夭夭、不知去向了。

林肯总统对这个结果极其愤怒，给米德将军写了一封措辞十分严厉的信，表达心中强烈的不满。

米德将军读了这封信后的反应如何呢？无人知晓，甚至连将军也不知道，因为米德将军根本就没有收到这封信！林肯总统写完这封信之后就把它收了起来，并没有寄出去。直到他遇刺身亡，人们才在他的档案中发现了这封“写给米德将军的信”。

人不能拒绝愤怒，但可以化解愤怒，做愤怒的主人，而不能被愤怒所支配，做愤怒的奴隶。

不要认为生气是正直、坦率、豪放性格的表现。动辄生气、发火，则是于人无益、对己无利，既伤害了别人，也在惩罚自己，实在不划算。要做到不生气、少生气，就要心胸开阔，宽宏大量，不要对一些细枝末节的小事斤斤计较、耿耿于怀。其实，退一步并非意味着懦弱，反倒是化解矛盾的良策，或许还会由此冰释前嫌，换得云消雾散、海阔天空。

珍爱生命，学会爱自己

我们每个人都要好好地活着，珍爱我们的生命，你只有学会爱自己，才能真正爱这个世界。

泰戈尔的《飞鸟集》里有这样一句："我的存在，乃是所谓生命的一个永久的奇迹，这就是生活。"爱生命，爱自己，爱这个世界，这是我们必须学会的一堂人生课。

夏洛特·勃郎蒂在《简·爱》中写下一段话："但是生命现在还为我所有啊，还有生活的需要、痛苦和责任。厄运必须负担，需要必须供给，痛苦必须忍受，责任必须尽啊。"也许是因为一次很深的触动，你才突然懂得生命的全部意义。就是在这一瞬间，你知道什么是生命的幸福。爱自己，生命才会更美丽。

卡乐拉曾是一个很消极的人，多年前的一个晚上，他散步到长岛的一处草地上，计划在那里自杀。生命对他已无任何意义可言，生活中已无任何希望。他随身带了一瓶毒药，一口喝尽，躺在那儿等死。

第二天，他睁开眼睛，看到月光皎洁的夜空，十分惊异。他想不通自己为什么会没有死，他认为这是上帝的意思，上帝希望他活下来，因为另有任务给他。他突然间重新有了生存的渴望，他感谢上帝的恩赐让他活下去，并且下定决心一定要活下去，要以帮助他人为职责。此后，卡乐拉成了一位特殊的积极思想者，他把帮助他人当作自己生命的全部使命。

对每一个人来讲，你想克服的弱点是什么？伤感、失望、恐惧、生气、沮丧、酗酒，还是其他什么？无论是什么，我们可以明确告诉你，它绝对不能永远打败你。记住这一事实，你就可以将最弱的地方转为最强。

一位老音乐家，在“文革”中被下放到农村，为牲口铡了整整七年的草。等他平反回来，人们发现他依然精神饱满，并没有憔悴衰老。他笑着说：“怎么会老呢，那里都是音乐，每天铡草我都是打着拍子来铡的。”这是一个非常爱自己的人。

对于生命，我们不能选择生或死，那是自私的行为，就如同我们无法选择生在富贵家还是贫困家一样。我们唯一能做的就是，好好活着，善待自己，善待自己身边的人。

人的一生总有许多时候没有人督促、指导、告诉、叮咛，即使是最亲爱的父母和最真诚的朋友也不会永远伴随我们，我们要学会爱自己。学会爱自己，不是让我们自我姑息，自我放纵，而是要我们学会勤于律己和矫正自己。

惠特曼的《草叶集》，有一首《自己之歌》，记得有两句歌词是“我赞美我自己，歌唱我自己”。人活在世上，确实应当赞美自己、歌颂自己、珍爱自己。

我们必须学会爱自己。我们在最痛楚无助、最孤立无援的时候，在必须独自穿行黑洞的雨夜、没有星光也没有月光的时候，在我们独立支撑着人生的苦难、没有一个人能为我们分担的时候，我们要学会自己送自己一枝鲜花，自己给自己画一道海岸线，自己给自己一个明媚的笑容，然后怀着美好的情感和吉祥的愿望活下去。也许有人会说这是一种自我欺骗，可是如果这种短暂的欺骗能获得长久的真实的幸福，自我欺骗一下又有什么不好呢？

学会爱自己，这是源于对生命本身的崇尚和珍重，可以让我们的生命更为丰满、更为健康，也可以让我们的灵魂更为自由、更为强壮。我们每个人都要好好活着，珍爱我们的生命。你只有学会爱自己，才会真正懂得爱这个世界。

认真地爱自己爱生活吧。如果生活不够慷慨，我们也不必回报吝啬，何必要细细地盘算，付出和得到的必须一般多？如果能够大方，何必显得猥琐；如果能够潇洒，何必选择寂寞？哪怕生活给予我们更多的是烦恼和不安，我们也要以大度的姿态和热烈细腻的爱恋回报她。

爱自己，就让我们微笑着拥抱生活吧！我们都在自己的生活轨道上奔跑，跑出属于我们自己的灿烂的生命轨迹。承担起这份责任，未来就能开出美丽的花朵！

破纪录修炼

健康状况自评

测试1：你的健康指数

身心健康是我们应对人生各种挑战最坚硬的基石，如果连最基本的身心健康都不能具备的话，我们又谈何良好的生活质量以及美好的未来前景呢？现在，你不妨做做下面的测试，测评一下你的身心健康指数。

1. 你的睡眠质量特别好，每次熟睡之后都感觉精力充沛，心情绝佳。

A. 是

B. 偶尔

C. 否

2. 你经常感觉情绪低落，莫名疲惫，或大喜大悲，情绪波动激烈？

A. 否

B. 偶尔

C. 是

3. 当你独处一个较为狭小密闭的空间时，是否会感觉到恐惧压抑，心跳加速？

A. 否

B. 偶尔

C. 是

4. 身处陌生的场合，譬如人数众多的宴会或会议活动等，你是否会感到忐忑不安，害怕失败或出丑？

A. 否

B. 偶尔

C. 是

5. 你每次出门后，即便之前对家里水电阀门等都做过仔细检查，但依然担心某处会出现差错？

A. 否

B. 偶尔

C. 是

6. 一些无关紧要的事情，但倘若其结果与你设想的稍有出入，你便会一直耿耿于怀，甚至为此影响心情？

A. 否

B. 偶尔

C. 是

7. 你很乐意接受朋友的邀请，一起参加一些社会活动，认为这不仅可以扩大自己的交友圈子，增长见识，还可以起到锻炼身体的作用？

A. 是

B. 偶尔

C. 否

8. 你虽然比上不足，但比下绝对有余，但是你却总是不满于现状，甚至对周围的环境和亲友产生厌烦的情绪？

A. 否

B. 偶尔

C. 是

9. 面对全新的机遇和挑战，你会很乐观地应对，即使输也会觉得无所谓？

A. 是

B. 偶尔

C. 否

10. 面对平常的工作，你时常感觉力不从心，甚至有种想要逃避的想法，而即便坚持执行也会感觉千头万绪，烦躁不安？

A. 否

B. 偶尔

C. 是

11. 遇到需要你去做决定的事情，你总会感觉压力重重，虽然深思熟虑，但依然不敢贸然决断？

A. 否

B. 偶尔

C. 是

12. 你对未来有细致的规划，美好的愿望，十足的信心？

A. 是

B. 偶尔

C. 否

测试结束，公布分值，A. 2 分，B. 1 分，C. 0 分。

测试解析：

0 ~ 5 分：你的身心健康指数为 C 级，身心健康失衡，建议及时地进行调整休养，有条件的话可以联系专业医师，做相关的辅助治疗。

6 ~ 25 分：你的身心健康指数为 B 级，身心属于亚健康状态，需要减压、减负，积极地做一些调整和调节。

26 ~ 36 分：你的身心健康指数为 A 级，身心健康状态非常棒，你需要做的是继续调节和巩固。

测试 2：你的身体透支了吗

许多疾病到中老年之后才发生，但发病的萌芽可能在 20 多岁。让这种幼芽得以生长的往往是不良的生活习惯。因此，改变生活习惯和定期健康检查是预防疾病的关键。趁现在健康还在，检查一下你的生活方式吧，测测你的健康余额还剩多少。

1. 老板让你拟订一份2015年度工作计划，要求你在下周五之前完成，而今天是周末，你会如何做？

A. 马上准备，周二一大早就把计划书交上

B. 周一到周四每天都抽时间思考，周五早晨刚好完成

C. 从周一到周四一直忙着玩，周四晚上才通宵完成

2. 每周二下午是你的健身时间，当你准备去健身房时，好友约你喝咖啡，你会如何处之？

A. 在跑步机上草草地跑了几分钟后去跟好朋友约会

B. 离好友住处有三站路的距离，干脆走着去找他，反正步行也算是一种锻炼

C. 改在明天做运动

3. 从大学毕业到现在的5~10年来，你的体重变化大吗？

A. 聚会时同学都认不出你了，因为从前的“麻秆”变成了“大树”

B. 体重和大学毕业时差不多

C. 这些年来体重总是莫名其妙地忽上忽下

4. 你对酒的态度如何？

A. 滴酒不沾

B. 平时很少喝，只有偶尔去酒吧时才喝点儿红酒或啤酒

C. 是个喜欢酒的人，除了用酒佐餐，还喜欢在睡前来一杯

5. 如果从1~9给你的生活压力打分，你的压力指数是多少？

A. 1~2分：从不给自己任何压力

B. 3~5分：你生活得张弛有度，偶尔紧张、忙碌，但很少挑战自己的极限

C. 6~9分：天天忙得四脚朝天，一周连个整觉都睡不了

6. 你做过健康体检吗？

A. 3年前做过一次

B. 做过，而且每年一次

C. 从没做过

计分方法：

选择A得1分，选择B得2分，选择C得0分。

测试解析：

8~12分：余额充足的“贵族”。你生活得很健康，几乎可以给你的生活状态打满分。在忙碌的生活中，你不会忽视那些关于健康的细节，因为你相信注重细节是把握生活质量的关键。

4~8分：收支平衡的“马大哈”，但仍有很多需要改进的地方。不太起眼的小事，如刷牙、洗手其实也大有学问，只要再心细些，你的生活质量就能上一个台阶。

0~4分：透支边缘的“危险人物”，你属于健康储备不足的人。你的生活状态邋遢无序，很少反思自己生活方式是否健康。你总认为自己还有大把的青春可以挥霍，所以到目前为止，你并没有把自己的健康太当一回事。

测试点拨：

健康的身体是工作生活的本钱，健康是1，其他的任何东西都是0，因此，有了1的后面加上0，才会有10、100、1000……没有健康的身体，任何东西对于你来说都是0，因此，无论什么时候都不要透支你的健康。